MONOGRAPHIE

DES

LIBELLULIDÉES

D'EUROPE,

Par Edm. DE SELYS LONGCHAMPS,

Membre de plusieurs sociétés savantes.

PARIS,

LIBRAIRIE ENCYCLOP. DE RORET, RUE HAUTE-FEUILLE, N° 10bis.

BRUXELLES,

LIBRAIRIE NATIONALE ET ÉTRANGÈRE DE CH. MUQUARDT,

Montagne de la Cour, n° 21.

1840.

MONOGRAPHIE

DES

LIBELLULIDÉES D'EUROPE.

Nota. L'avant-propos de cet ouvrage porte la date d'octobre 1839, et la Monographie était en effet terminée à cette époque, mais elle n'a paru réellement qu'en mars 1840, M. De Selys n'ayant pu se procurer qu'un peu avant cette époque les derniers ouvrages de MM. Burmeister et de Foscolombe, qu'il était important de pouvoir citer.

MONOGRAPHIE

DES

LIBELLULIDÉES D'EUROPE,

PAR

Edm. DE SELYS LONGCHAMPS,

MEMBRE DE PLUSIEURS SOCIÉTÉS SAVANTES.

PARIS,

LIBRAIRIE ENCYCLOP. DE RORET, RUE HAUTE-FEUILLE, N° 10 bis.

BRUXELLES,

LIBRAIRIE NATIONALE ET ÉTRANGÈRE DE CH. MUQUARDT,

Montagne de la Cour, n° 21.

—

1840.

AVANT-PROPOS.

Je crois nécessaire d'exposer sommairement les raisons qui m'ont décidé à entreprendre le travail que je publie aujourd'hui.

Il existe plusieurs bons mémoires sur les Libellules d'Europe, ou plutôt de quelques contrées européennes, mais aucun ouvrage vraiment général n'a été produit, et aucun en tout cas ne comprend la *concordance* et la synonymie des autres; car, par une singulière fatalité, les auteurs qui ont écrit sur cette famille n'ont pas eu connaissance des travaux publiés dans les autres pays, et les deux principales monographies ont été imprimées la même année, en 1825. Auparavant, il n'existait aucune bonne description des espèces de ce genre. Aujourd'hui on en possède plusieurs, mais la confusion des noms spécifiques est très-grande, et chaque auteur ayant adopté un genre particulier de caractères diagnostiques très-différents , on a sous les yeux de très-longues descriptions qui ne sont cependant que de peu de secours , n'étant pas comparatives. Je ferai aussi remarquer qu'il n'y a pas d'ouvrage général en français, et que ce mode de publication peut être utile, car ce ne sont pas toujours les savants qui ont occasion d'étudier avec suite les différentes localités d'un pays étendu, il leur appartient plus souvent de classer et de coordonner les découvertes faites par les collecteurs.

Avant de développer le plan de mon ouvrage , je crois devoir indiquer succinctement les différents travaux faits sur les Libellules d'Europe depuis 20 ans , et que j'ai eus sous les yeux. Avant cette époque , la connaissance des espèces d'Europe était dans une grande obscurité [1].

1º Les Agriones et les Æschnes de Bologne, en latin , *Agriones* et *Æschnæ Bononienses descriptæ a P. L. Vander Linden, adjecta tabula ænea.* Bologne, 1820, dans le journal périodique *Opuscoli scientifici*, tom. IV. Cet ouvrage est très-rare , c'est un mémoire très-précieux , dans lequel Vander Linden, le premier, je crois, de tous les entomologistes , a judicieusement distingué et caractérisé treize espèces d'Æschnes et d'Agriones, que jusque-là on avait confondues sous les cinq noms d'*Æ. maculatissima, mixta, forcipata* et d'*A. virgo* et *puella.*

2º En 1823 , le pasteur Hanseman a publié en alle-

____

[1] Une autre raison de ma publication, c'est que ces ouvrages n'existent plus dans le commerce ou font partie de recueils généraux considérables et coûteux.

(3)

mand , dans le *Zoologische Magazine* de Wiedeman, vol. 2,
tom. I, Altona , un travail remarquable sur les Agriones
d'Allemagne. Il n'avait pas connaissance de celui de Vander Linden, de sorte que la nomenclature est différente et
qu'il a cru être le premier à distinguer des espèces qui
étaient déjà nommées.

3° En 1825 , Vander Linden étendit à toutes les Libellulines d'Europe son premier travail, *Monographiæ Li-
bellulinarum Europæarum specimen, auctore P. L. Vander Linden.* Bruxelles, 1825. Cette brochure, de 42 pages
en latin, qui est épuisée, contient la description de 37
espèces. Il reproduit son premier mémoire et décrit plusieurs espèces nouvelles. Malheureusement il n'avait pas
vu le travail de Hanseman , de sorte qu'il crée quelques
noms inutiles. Un autre inconvénient résulte de ce qu'il
ne parle que des espèces d'Italie et des environs de
Bruxelles , et ne fait pas mention des époques d'éclosion.

4° La même année 1825 parut en latin , à Breslaw ,
sous le titre de *Horæ entomologicæ*, plusieurs monographies de M. Toussaint de Charpentier , et entre autres
un article *de Libellulinis Europæis*, accompagné d'une
planche représentant les appendices anals des mâles de
26 Æschnes et Agriones. C'est une monographie des
Libellules d'Europe, mais établie presqu'uniquement sur
des observations faites en Allemagne et en Lombardie.
Il décrit 42 espèces , dont plusieurs inconnues à Vander
Linden; par contre il n'a pas connu toutes celles de cet

auteur ; mais ce qui est fâcheux et ce qui est devenu une source de confusion dans la synonymie, c'est que sa nomenclature fait double emploi avec celle de Vander Linden dont il a ignoré les ouvrages. Celui de 1820 au moins a la priorité, et j'ai dû la lui restituer. Il n'a pas adopté non plus pour les Agriones, les noms donnés par Hanseman, qu'il cite cependant dans sa synonymie. Il leur en assigne de nouveaux plus expressifs et mieux choisis, il est vrai, mais avec ce principe il n'y aurait aucune nomenclature stable. Cet article a rendu d'ailleurs les plus grands services à la science. Il a fait usage avec bonheur de la forme du collier et des appendices anals pour caractériser les Agriones, deux caractères que Vander Linden avait négligés et qui rendent cette partie du travail de M. de Charpentier très-supérieure ; mais, d'autre part, il n'a pas donné la dimension de ses espèces, ni fait un usage suffisant de la membranule accessoire dans les genres Libellule et Æschne, dont les descriptions ne sont ni complètes ni comparatives ; aussi existe-t-il sur leur détermination des doutes qui ne se présentent pas dans la monographie de Vander Linden.

5° En **1837**, j'ai publié le *Catalogue méthodique des Lépidoptères de la Belgique, précédé d'un tableau des Libellulines de ce pays.* J'en cite **32** espèces, dont plusieurs regardées jusque là comme propres au Midi. Depuis trois années, j'ai reconnu la présence en Belgique de **12** autres espèces, ce qui porte à **44** le nombre de celles de notre pays ; deux de plus que M. de Charpentier n'en décrit pour toute l'Europe.

6° A la fin de la même année 1837 et en 1838, M. Boyer de Fonscolombe publia, en deux parties, dans les Annales de la société entomologique de France, une *Monographie des Libellulines des environs d'Aix en Provence*, accompagnée de planches coloriées représentant les *Æschna formosa, vernalis, rufescens, affinis* et la *Libellula cœrulescens* de Vander Linden, plus les espèces nouvelles que M. de Fonscolombe a nommées *Æschna irene*, et *Libellula olympia, brunnea* et *nitens*. C'est un travail exact et consciencieux qui, je n'en doute pas, fera avancer beaucoup la science, en répandant la connaissance des Libellulines et celle des travaux de Vander Linden, dont il a suivi la nomenclature. M. de Fonscolombe vient de terminer cet important ouvrage par la description du G. Agrione dont il représente quatorze espèces.

On remarquera que je n'ai pas parlé jusqu'ici des ouvrages des auteurs anglais, qui ont cependant fait avancer cette branche de l'Entomologie. Ils ont été faits simultanément avec ceux du continent qu'ils n'ont pas toujours connus. Nous citerons le docteur Leach, Mac Leay, Kirby et surtout MM. Curtis et Stephens. N'ayant pas tous ces ouvrages sous les yeux, je n'ai pu en parler avec une précision chronologique aussi grande.

Leach a formé les sept genres *Lestes, Calepteryx, Anax, Cordulegaster, Petalura, Gomphus* et *Cordulia*.

Mais je ferai remarquer que les caractères assignés à cinq d'entre eux avaient déjà été indiqués par Vander Linden, et que la plupart de ces espèces nouvelles font double emploi avec celles de cet auteur [1].

Le grand ouvrage de M. Stephens, *Illustrations of British entomology*, contient la description des Libellules indigènes.

Celui aussi très-important de M. Curtis, *British entomology*, renferme de superbes figures de quelques espèces et la liste de toutes celles d'Angleterre. Ces deux auteurs ont signalé l'habitat en Angleterre de beaucoup d'espèces regardées comme méridionales, et éclairci l'histoire des espèces voisines de la *Libellula vulgata*.

Par rapport à la synonymie, j'ai pu lever plusieurs des doutes qui existaient, ayant visité moi-même les collections de Vander Linden, et celle encore plus riche de M. Robyns, à Bruxelles [2], de M. Boyer de Fonscolombe à Aix en Provence, de M. Curtis et de M. Stephens, à Londres.

Pour ce qui concerne l'habitat des espèces, je me suis efforcé de compléter mes propres observations, en profitant des données fournies par les auteurs précités et des

[1] M. Herm. Burmeister, dans son *Handbuch der Entomologie*, vient de publier (en 1859) à Berlin, un travail de la plus grande importance pour la classification des Libellulidées en général, et comprenant les espèces exotiques. Cet ouvrage, qui cite un travail manuscrit de M. De Charpentier, m'étant parvenu trop tard, je ne pourrai en parler qu'à la fin du volume et me bornerai à citer sa synonymie.

[2] M. Robyns m'a rendu aussi un service inappréciable en m'ouvrant sa précieuse bibliothèque.

collections locales de MM. Guérin-Menneville, à Paris ;
Carlo Passerini, à Florence ; Bertholini, à Bologne ; l'abbé
Bernardo Marietti à Milan ; le professeur Perty, à Berne ;
Schoff von Heyden à Francfort, et le professeur Wesmael,
à Bruxelles. Tous ces savants m'ont communiqué leurs
collections avec une bienveillance dont je leur offre ici
mes sincères remercîments.

Mes recherches personnelles ont porté sur la Belgique,
l'Italie, la Suisse et l'Allemagne occidentale. On verra
qu'elles m'ont servi à prouver que l'habitat de presque
toutes les espèces est *infiniment moins restreint* qu'on
ne le pensait, au point que je crois pouvoir avancer que
parmi les soixante Libellulidées d'Europe que je décrirai,
il n'y en a pas un sixième qu'on puisse appeler méridionales ou boréales. Presque toutes sont répandues depuis
l'Angleterre jusqu'à Naples, aussi bien sur les glaciers
des Alpes que sous les rayons du soleil d'Italie, et depuis
l'Allemagne orientale jusqu'en Espagne. Dans une province de Belgique, on trouve les trois quarts des espèces
d'Europe[1]. J'attribue cette grande extension d'habitat

[1] Les espèces qui semblent propres à l'Europe méridionale sont *Libellula ferruginea; Lindenia tetraphylla; Æschna irene; Anax parthenope; Anax mediterranea; Lestes Picteti; Calepteryx hæmorrhoidalis.* Les suivantes semblent
exclues du Midi et particulières à l'Europe froide et tempérée : *Libellula flaveola;
Libellula rubicunda* et *Æschna grandis.* On pourrait même ajouter que les espèces
du nord de l'Afrique sont les mêmes que celles d'Europe, car dans un envoi d'insectes de l'Algérie, fait par M. Bové, j'ai remarqué les 10 espèces suivantes,
entièrement identiques avec celles d'Europe : *Libellula olympia, ferruginea; Gomphus unguiculatus, pulchellus; Calepteryx hæmorrhoïdalis; Lestes viridis,*

au genre de vie des Libellulidées à leurs divers états. En effet, les larves vivent dans la bourbe, au fond de l'eau, et la température de celle-ci est beaucoup moins variable que celle de l'air. Elle n'est pas brûlante en Sicile et ne gèle pas au fond des sources des régions les plus froides. A l'état parfait, ces insectes peuvent encore rencontrer une sorte d'équilibre équivalent, puisque les mêmes espèces éclosent au printemps dans l'Europe méridionale, et au mois d'août dans les Alpes et en Laponie. Il semble aussi que la qualité de l'eau n'influe guère sur les larves, et qu'elles s'accommodent aussi bien de l'eau salée que de l'eau douce, car je n'ai jamais vu une plus grande quantité d'Æschnes que sur l'île du Lido et à Venise, où il n'existe pas d'eau douce. Les *Æschna affinis*, *rufescens*, *vernalis*, *mixta* et l'*Anax formosa* y étaient particulièrement abondantes. Il est aussi à remarquer que les diverses qualités d'eau et le climat n'ont guère d'influence sur ces insectes, car si les Libellules offrent beaucoup de différence selon le sexe et l'âge des individus, on peut avancer qu'elles ne produisent presqu'aucune variété locale.

barbara; *Agrion pulchella*, *rubella*, *platypoda*. Je n'ai remarqué aucune espèce étrangère à l'Europe, mais je sais cependant qu'il y en a quelques-unes en Barbarie.

Les espèces que j'ai pu étudier en nature, mais qui manquent à ma collection sont : *Libella bimaculata; Cordulia Curtisii; Lindenia tetraphylla; Gomphus serpentinus, Selysii et flavipes; Æschna juncea.*

Les espèces douteuses que je n'ai pu étudier sont : *Libellula angustipennis* et *veronensis* (Stephens), *Opalina* (Charp.), *Agrion rufescens* et *annulare* (Leach). Je n'ai pas eu non plus sous les yeux la *Libellula albifrons* (Burmeister) et l'*Agrion cærulescens* (Fonscol).

(9)

Mon opuscule comprendra :

1º Les caractères et la synonymie des genres.

2º Des observations sur leur facies, leur coloration et les caractères spécifiques qui méritent le plus d'attention dans chaque groupe.

3º La description très-comparative des espèces de chaque section et leur synonymie, précédée d'une diagnose ; leurs variétés d'âge et de sexe, l'habitat ; des observations sur les mœurs ; la critique de la nomenclature et enfin les différences de l'espèce avec celles qui lui ressemblent le plus.

4º Une table comparative des dimensions détaillées de toutes les espèces.

5º Un *synopsis* en latin comprenant la table analytique des genres et les phrases spécifiques.

J'ai ajouté ce travail très-court, en latin, pour les étrangers auxquels la langue française ne serait pas familière. Il ne comprend pas la description des espèces, mais bien *leurs différences,* et suffira, je pense, à leur détermination exacte chez les personnes versées dans l'Entomologie.

6º Des planches représentant les appendices anals des mâles de toutes les espèces, excepté ceux du G. *Libellula.* J'ai imité en cela l'ouvrage de M. Toussaint de Charpentier, parce que j'avais près du double d'espèces à figurer ; que quelques-uns de ses dessins m'ont paru devoir être modifiés, et surtout parce que l'idée de cet auteur m'a paru excellente pour la détermination des espèces.

La famille des *Libellulidées* (voyez ses caractères plus bas) fait partie de l'ordre des Névroptères, et a des affinités avec les Ascalaphes et les Éphémères. Les Névroptères ont grand besoin d'abord de travaux spéciaux, et ensuite d'une révision générale. Grâce à l'ouvrage modèle de M. le professeur Pictet de la Rive, les Phryganides sont sorties du chaos où elles se trouvaient; mais plusieurs grands genres, comme les Éphémères, les Hémérobes, les Semblis et les Perles, appellent des travaux de la même importance. Quant à moi, je n'ai ni les matériaux ni le talent nécessaires pour aborder les Libellules sous le rapport anatomique. Ce que j'ai observé jusqu'ici par moi-même sur leurs larves n'est que la confirmation de leurs habitudes carnassières et de ce qu'on lit dans les auteurs; je crois donc beaucoup mieux faire pour l'intérêt de mes lecteurs de compléter cet article en transcrivant ce qu'en dit le célèbre Latreille, dans le *Règne animal*, en adoptant toutefois les termes de notre nomenclature.

« Les larves et les nymphes des *Libellulidées* vivent dans l'eau jusqu'à l'époque de leur dernière transformation, et sont assez semblables à l'insecte parfait, aux ailes près. Mais leur tête, sur laquelle on ne découvre pas encore les ocelles, est remarquable par la forme singulière de la pièce qui remplace la lèvre inférieure. C'est une espèce de masque recouvrant les mâchoires, les mandibules et presque tout le dessous de la tête. Il est com-

posé : 1° d'une pièce principale triangulaire tantôt voûtée,
tantôt plate, que Réaumur nomme *mentonnière*, s'arti-
culant par une charnière avec un pédicule en forme de
manche annexé à la tête ; 2° de deux autres pièces insé-
rées aux angles latéraux et supérieurs de la précédente,
mobiles à leur base, transversales, soit en forme de lames
assez larges et dentelées, semblables par leur jeu et par
la manière dont elles ferment la bouche à des volets,
soit sous la figure de crochets ou de petites serres. Réaumur donne à cette partie du masque, où la mentonnière
s'articule avec son support ou genou, et qui paraît la terminer inférieurement lorsque le masque est replié sur lui-
même, le nom de *menton* ; l'insecte le déploie ou l'étend
d'une manière très-preste, et saisit sa proie avec les tenailles de sa partie supérieure. L'extrémité postérieure de
l'abdomen présente tantôt cinq appendices en forme de
feuillets de grandeur inégale, pouvant s'écarter ou se rapprocher, et composant alors une sorte de queue pyra-
midale ; tantôt trois lames allongées et velues ou des
sortes de nageoires. On voit ces insectes les épanouir à
chaque instant, ouvrir leur rectum, le remplir d'eau,
puis le fermer, éjaculer bientôt avec force, en manière de
fusée, cette eau mêlée de grosses bulles d'air, jeu qui
paraît favoriser leurs mouvements. L'intérieur du rectum[1] présente à l'œil nu douze rangées longitudinales de

---

[1] Voyez Cuvier, *Mémoires de la société d'hist. naturelle de Paris.*

petites taches noires rapprochées par paires, semblables aux feuilles ailées des Botanistes. Vues au microscope, chacune de ces taches est un composé de petits tubes coniques ayant la structure des trachées, et d'où partent de petits rameaux qui vont se rendre dans six grands troncs de trachées principales, parcourant toute la longueur du corps. Arrivées à l'époque de leur dernier changement, les nymphes sortent de l'eau, grimpent sur les tiges des plantes, s'y fixent, et se défont de leur peau.

» Chez les genres *Libelluloïdes* les larves et les nymphes ont cinq appendices à l'extrémité postérieure du corps, réunis en une queue pointue ; le corps court, la mentonnière voûtée en forme de casque avec les deux serres en forme de volets.

» Dans les genres *Æschnoïdes* le corps des larves et des nymphes est plus allongé que dans les Libelluloïdes ; le masque est plat, et les deux serres sont étroites avec un onglet mobile au bout. L'abdomen est d'ailleurs terminé par cinq appendices, mais dont l'un est tronqué à la pointe.

» Chez les genres d'*Agrionines* le corps est menu et allongé comme celui des insectes parfaits ; l'abdomen est terminé par trois lames en nageoires ; le masque est plat avec l'extrémité supérieure de la mentonnière s'élevant en pointe dans le genre *Agrion*, ou bien évidée et fourchue au bout, en forme de losange, et terminée par deux pointes dans le genre *Calepteryx*. Dans toute cette tribu

les serres sont étroites, mais terminées par plusieurs dentelures et en forme de mains [1]. »

J'ajouterai qu'on rencontre souvent le corps vide des
nymphes suspendu presqu'entier aux plantes aquatiques.
Le corps de la Libellule, au moment où elle en sort, est
mou et d'une couleur livide; les ailes se développent
promptement, et la Libellule revêt sous l'influence de l'air
les plus vives couleurs : le bleu, le rouge, le jaune ou le
vert toujours entremêlé de dessins noirs. Ces couleurs,
excepté le vert métallique, disparaissent presque toujours
après la mort de l'insecte, à moins que le bleu n'existe
à l'état de poussière exsudée, comme cela arrive chez les
mâles adultes de certaines espèces [2], c'est pourquoi il

[1] M. Burmeister fait remarquer que les 4me et 5me appendices des larves des
Libellulines ne sont que des prolongements des derniers anneaux de l'abdomen, et
qu'il n'y en a en réalité que trois. — Les larves des *Gomphus* et genres voisins diffèrent de celles des *Æschnes*, en ce qu'elles ont l'abdomen plus court et les cinq
appendices égaux comme celles des *Libelluloïdes*.

[2] J'emploie depuis quelque temps un mode de préparation qui a pour effet de
conserver une grande partie des couleurs aux Libellules, de leur donner une grande
solidité et de les mettre à l'abri de l'attaque des insectes rongeurs; trois avantagesque
l'on ne pouvait pas obtenir en traitant ces insectes de la même manière que ceux
des autres ordres, et les inconvénients étaient propres à rebuter les collecteurs; ce
moyen qui a été inventé, je crois, par M. Foudras, entomologiste lyonnais, consiste
en une sorte d'empaillage pour lequel on procède ainsi qu'il suit : On sépare avec
un scalpel ou des ciseaux l'abdomen du thorax; on presse l'abdomen avec le doigt
à partir de son extrémité. On expulse ainsi les viscères qui s'y trouvent, on les
arrache avec une petite pince. On peut alors si l'on veut tremper un seul instant
l'abdomen vide dans de l'alcool limpide et rectifié; on introduit alors dans l'abdomen
par le côté du thorax un morceau de papier roulé s'il s'agit d'un abdomen cylindrique, plat et de la forme de l'abdomen, si celui-ci est déprimé. On peut employer
un papier de la couleur dominante de la Libellule, mais en général un papier blanc
suffit. S'il s'agit d'une Agrione à l'abdomen presque filiforme, j'emploie seulement
une, deux ou trois feuilles de pin (*Pinus strobus* ou *sylvestris*) trempées dans du

faut chercher, pour la détermination des espèces, d'autres
caractères qui persistent après la dessiccation des individus. Ils existent en nombre bien suffisant ; ce sont : la
forme des appendices anals des mâles ; la dimension et
la couleur de la membranule accessoire ; celles du parastigma ; la coloration du front, des pieds, des côtés du
thorax ; celle de la nervure costale ; enfin la forme du
corps et des ailes. Il n'en est pas moins utile de donner
une description complète de toutes les couleurs, telles
qu'elles existent chez l'insecte vivant. Je serai assez heu-
reux pour pouvoir offrir cinquante-neuf descriptions de
ce genre sur soixante. Comme les anciens iconographes
n'attachaient que peu d'importance à la reproduction
des caractères spécifiques que nous regardons comme
les meilleurs, je crois à mon tour inutile d'en attacher

minium si c'est une Agrione rouge. Pour préparer le thorax je me borne à extraire
quelques viscères et à les remplacer par du coton ou ouate imbibée dans de l'alcool
très-fort et trempée quelquefois dans de la couleur rouge ou jaune. On étale ensuite
les ailes, on laisse sécher les deux parties, puis on les recolle ensemble soit au
moyen du papier, soit de la feuille de pin que l'on a laissée dépasser, et qui pénètre
dans le thorax, soit au moyen d'une épingle très-fine et sans tête.

La colle qu'on emploie est composée de gomme arabique et de farine délayée, à
laquelle on ajoute un peu de sucre candi ; pour garantir les Libellules de l'attaque des
insectes rongeurs, j'ai l'habitude d'y mêler une faible portion de savon arsenical de
Becœur, qu'on introduit aussi dans le thorax ; par cette préparation modifiée de la
manière que je l'indique, il n'y a que les yeux qui deviennent ternes.

Pour les Libellules des anciennes collections, je procède à peu près de la même
manière, mais je me borne à traverser l'abdomen par un fil de fer très-mince, trempé
dans de la colle arsenicale et entouré de ouate. On comprendra qu'on ne peut
obtenir pour ceux-ci la réapparition des couleurs, mais bien la solidité et la conser-
vation du corps. Il me reste à recommander un grand soin pour ne pas mêler les
parties séparées de plusieurs individus, car cela donnerait lieu à des créations factices
et à des méprises déplorables.

une trop grande à leur citation, et je pense que c'est perdre son temps que de chercher à deviner, par exemple, quelles Agriones Harris a voulu figurer sous les noms de *Lucifugus*, d'*Æreus*, etc.

Mon but étant d'être bien compris, je vais donner l'explication la plus claire qu'il me sera possible, des principaux termes que l'on rencontrera dans mes descriptions. Je suivrai l'ordre que j'ai adopté pour celles-ci.

Le corps des Libellules est divisé en trois parties : la *tête*, le *thorax* et l'*abdomen*, nous parlerons en dernier lieu des *ailes*, qui sont attachées au thorax.

TÊTE.

Elle comprend la *bouche*, dont la *lèvre inférieure* est composée de trois pièces principales, deux *latérales* et une *intermédiaire*, qui varie dans ses formes et ses proportions selon les genres. Dans les descriptions, je nommerai face ou *devant de la tête*, tout l'espace perpendiculaire à la bouche, y compris la *lèvre supérieure*, qui est aussi nommée labre, et le *front*, qui forme la partie supérieure de la face. Je nommerai *vertex* l'espace qui se trouve en dessus, horizontalement en avant des yeux, et qui forme un angle droit avec la face ou devant de la tête. Sur ses côtés se trouvent les *antennes*, et entre deux les *ocelles*, aussi nommées stemmates et yeux lisses, sous la forme de trois petits points brillants plus ou moins cachés ou enfoncés ou disposés à plat *en triangle* dans certains genres, autour d'une vésicule ou d'un *tubercule élevé* chez d'autres ; enfin en *ligne transverse* presque droite chez les Gomphus, les Æschnes et les Anax. Les deux grands *yeux* sont *globuleux*, *arrondis* ou *comprimés* longitudinalement. On nomme la tête *hémisphérique* ou *transverse*, selon son plus ou moins de largeur latérale.

Les deux yeux sont tout à fait *contigus*, se touchent légèrement ou sont notablement *éloignés l'un de l'autre*, selon les cas. L'espace derrière la tête et les yeux qui est plat ou même concave, peut se nommer *l'occiput*. On se sert peu de sa coloration comme caractère spécifique, excepté dans les Agriones.

THORAX.

Il se divise en trois parties, dont chacune porte une paire de pieds. Ce sont le prothorax, mésothorax et métathorax, dont les parties supérieures portent les noms de *pronotum, mesonotum, metanotum*. Mais, pour me conformer à la nomenclature habituelle des auteurs qui ont traité des Libellules, je nommerai *collier* le prothorax, qui, dans cette famille, est extrêmement petit et réduit en dessus à une sorte d'écaille courte, demi-arrondie en forme de cou, et qui offre des échancrures de forme variée, qui ont été prises pour caractères dans le genre *Agrion. Devant du thorax,* la partie du mesonotum qui est penchée vers le collier depuis l'insertion des premières ailes, et divisée en deux plaques latérales par une suture longitudinale dorsale. *Espace interalaire* ou écusson, l'espace presque carré, compris entre les quatre ailes en dessus, qui est plat et plus élevé que le reste du thorax, et qui comprend non-seulement le *metanotum* et le *scutellum*, mais encore une partie du *mesonotum;* car les premières ailes sont attachées au mésothorax. J'ai dû réunir ces parties sous le nom d'*espace interalaire* pour simplifier les descriptions. Cet espace est granuleux, et les quatre ailes y sont attachées latéralement. Je nomme *côtés du thorax* tout ce qui se trouve en dessous de l'insertion des ailes; *dessous du thorax* l'espace où sont insérés les pieds y compris la *poitrine*, le *sternum*, etc., des auteurs. *Pieds;* ils sont au nombre de six. Les *cuisses* (FEMORA) forment la première grande articulation près du corps; la seconde, ou les *jambes* (TIBIÆ), égale à peu près la première, et la troisième et dernière les *tarses* (TARSI) divisés en *trois articles.* Les jambes et les cuisses sont plus ou moins garnies d'*épines* en dedans.

ABDOMEN.

Il est plus ou moins large, déprimé, caréné, cylindrique, en forme d'épée ou de baguette, triangulaire, court, allongé, divisé en dix *segments* séparés par les incisions ou *articulations.* C'est ici le lieu de parler des *organes génitaux*, ou du moins de leurs parties visibles externes ou accessoires. On avait cru jusqu'ici que ceux

des femelles se trouvaient à l'extrémité de l'abdomen , et
ceux des mâles au deuxième segment près de la base ;
mais le professeur Rathke [1] a découvert que cette anomalie n'existe pas ; que les organes fécondateurs des mâles
sont peu visibles , il est vrai , mais placés à l'extrémité
de l'abdomen , et que ce qu'on avait pris pour eux , au
deuxième segment , sont simplement les organes excita-
teurs. Ils forment chez les mâles, au-dessous du deuxième
segment, une sorte de fenêtre longitudinale qui contient
un membre viril susceptible d'érection , entouré de pièces
et de muscles compliqués. Les bords de la fenêtre sont
plus ou moins en saillie , selon les genres , et , dans quelques-uns , les côtés du même segment portent chacun un
tubercule ou *oreillette* arrondie ou plate , saillante , dont
l'usage n'est pas connu : j'ai remarqué seulement qu'elle ne
s'observe que dans les mâles dont le bord anal des ailes
inférieures est subitement anguleux. Les testicules et les
vases différents ont au contraire leur orifice au neuvième
segment , et cet orifice est fermé par deux petites *valvules*.
L'anus est au-dessous du dixième et dernier segment ,
qui porte à son extrémité les *appendices anals* au nombre de *deux supérieurs* et d'*un* ou *deux inférieurs*. Ces
appendices peuvent être lancéolés , pointus , arrondis ,
cylindriques , coniques , contournés , dentés , filiformes ,
tuberculés , dentelés , fourchus , ciliés , hérissés , glabres ,

[1] *De Libellularum partibus genitalibus* , Henricus Rathke, *cum tabul. æn.* 5.
Regimonti , 1852. 38 pages , in-4° (Kœnigsberg).

courts, allongés, semi-circulaires, etc. Ils servent au mâle à saisir la femelle pendant les préliminaires de la copulation, mais non pendant celle-ci.

Chez les femelles , il n'y a nul vestige d'organes accessoires au deuxième segment : l'oviducte et la *vulve* se trouvent au-dessous du huitième segment, offrant deux petites *valvules* chez les *Libellules*, deux appendices latéraux assez longs chez les *Libella* et les *Lindenia*. La même disposition existe chez les *Cordulia*, avec des dimensions plus fortes dans les valvules ou même une *lame cornée, double, pointue*. Les *Gomphus* ont les bords latéraux de ce segment *élargis*. Chez les *Cordulegaster,* il part du huitième segment une double lame ou appendice corné qui dépasse en longueur l'extrémité de l'abdomen. Les *Æschnes* et les *Anax* ont aussi cette lame , mais recourbée et plus courte. M. Rathke la nomme aiguillon, (*aculeus*); elle repose entre deux valvules allongées dont le bout , qui atteint l'extrémité du neuvième segment, porte deux petits *appendices* latéraux *articulés , filiformes,* relevés. La même disposition existe dans les trois genres *Agrion, Lestes* et *Calepteryx,* etc., mais les valvules forment pour ainsi dire corps avec la lame, et sont séparées du corps. La lame est souvent dentelée en scie. L'anus existe au dixième segment dans toutes les femelles comme chez les mâles , mais celles-ci ne portent jamais que deux appendices, qui sont les supérieurs, généralement beaucoup moins compliqués que chez les mâles.

AILES.

Elles sont attachées comme je l'ai dit (voyez *Thorax*); il y en a quatre; elles sont composées de *grandes nervures longitudinales* qui partent de la base au nombre de cinq ou six, et se prolongent plus ou moins vers l'extrémité de l'aile. Le bord d'en haut, à partir de la base jusqu'à la pointe, se nomme *côte* ou *nervure costale*, dont l'extrémité, vue à la loupe, est finement dentelée au dehors; elle est réunie à la suivante par une suite de *nervures transversales* qui forment des *cellules* carrées, ou comme des échelons. L'un d'eux, plus épais, et placé vers le milieu de la côte, forme ce que l'on appelle *point cubital*, et avant la pointe de l'aile il y a un petit espace *oblong* ou *rhomboïde* resserré entre les deux nervures marginales et les deux transversales; il est opaque au lieu d'être transparent comme le reste de l'aile, et se trouve, en tout cas, coloré très-différemment. Il est nommé *stigma* par Fabricius, *parastigma* par Illiger et Toussaint de Charpentier, *tache marginale* par Vander Linden. J'adopterai le mot *parastigma* pour éviter la confusion [1]. Sa forme et sa cou-

---

[1] M. Vander Hoeven a publié en 1828, dans le recueil hollandais intitulé : *Bijdragen tot de natuurkundige wetenschappen*, pag. 355, pl. 5, des observations très-intéressantes sur la manière de distinguer les genres *Æschna*, *Libellula* et *Lindenia*, d'après la forme de la cellule discoïdale des ailes. Ce caractère est précieux et bien constant, mais il n'est susceptible d'application à la détermination des genres que par une comparaison minutieuse et difficile à rendre par des mots ; c'est pourquoi j'ai cru ne pas devoir diviser ces remarques à la caractéristique de chaque genre, mais bien les réunir toutes en note à la fin de cet ouvrage.

leur sont importantes[1]. Le reste de l'aile, notamment le bord interne et inférieur, est rempli par des nervures qui forment un très-grand nombre de *cellules*, comme une fine gaze ou tulle, selon qu'elles sont *rectangles* comme chez les Agriones et les Calepteryx, ou *pentagones* comme dans tous les autres genres. La base du *bord interne* offre dans les genres de la tribu des *Libellulina* un espace marginal opaque, plus grand dans les secondes ailes, et appelé *membranule accessoire* [2], dont la forme et la couleur sont très-importantes, ainsi que la coupe du *bord anal* des secondes ailes, qui est comme échancrée ou à angle droit chez certains mâles. — Chez les genres de la tribu des *Agrionina* le bord anal est semblable dans les deux sexes, et il n'y a pas de membranule accessoire visible.

Liége, 23 octobre 1839.

[1] M. Burmeister l'appelle *pterostigma*.
[2] Kirby la nomme *frenulum alæ*.

er sont importantes ; le reste de l'Inde, notamment le
bord intérieur [illegible] est rempli par des nervures qui
[illegible] un très grand nombre de cellules, comme une
[illegible] dont quelques-unes sont prolongées comme
[illegible] et les téléphores [illegible] quelques [illegible] comme
dans les [illegible] jaunes. La [illegible] du bord interne
[illegible] dans les genres de la tribu des Adéphites un espace
marginal [illegible] plus grand dans les premières ailes, et
[illegible] presque nécessaire [illegible] c'est la forme et la cou-
[illegible] sont très-importantes, ainsi que la coupe du bord
[illegible] des arrondies chez [illegible] qui est coupée [illegible] ou à
angle droit chez certains [illegible]. — Chez les genres de la
tribu des [illegible], le bord anal est semblable dans les
deux sexes, et il n'y a pas de prolongement [illegible]
visible.

Liège, 28 octobre 1839.

M. Sommailler [illegible] l'appelle péristigma.
Kirby la nomme l'onglon etc.

MONOGRAPHIE

DES

LIBELLULIDÉES D'EUROPE.

TABLEAU SYSTÉMATIQUE DES GENRES.

FAMILLE.	TRIBUS.	DIVISIONS.			GENRES.
LIBELLULIDÉES. . .	Ailes non semblables, horizontales dans le repos. Tête plus ou moins hémisphérique. Lobe intermédiaire de la lèvre inférieure entier. Trois appendices anals dans les mâles : LIBELLULINES . . .	Lobe intermédiaire de la lèvre inférieure plus petit que les latéraux, triangulaire. Une vésicule élevée devant les yeux, qui sont contigus. Ocelles en triangle : LIBELLULOÏDES	Appendices anals petits. Yeux simples	Bord anal des secondes ailes arrondi dans les deux sexes . .	LIBELLULA.
			Appendices anals forts, longs. Un second œil en arrière de chacun des deux grands yeux	Bord anal des secondes ailes arrondi dans les deux sexes . .	LIBELLA.
				Bord anal des secondes ailes anguleux dans le mâle	CORDULIA.
		Lobe intermédiaire de la lèvre inférieure plus grand que les deux latéraux. Ceux-ci armés d'un appendice épineux. Point de vésicule élevée devant les yeux. Ceux-ci et les ocelles de position variable : ÆSCHNOÏDES	Appendices anals des femelles très-petits, cylindriques ; ceux des mâles plus ou moins en tenaille	Un tubercule élevé devant les yeux. Ceux-ci globuleux, éloignés l'un de l'autre . . .	LINDENIA.
				Espace devant les yeux plat. Ceux-ci comprimés, éloignés l'un de l'autre.	GOMPHUS.
				Espace devant les yeux inégal. Ceux-ci comprimés se touchant à peine	CORDULEGASTER.
			Appendices anals longs, plus ou moins lancéolés dans les deux sexes	Bord anal des secondes ailes anguleux chez le mâle. Yeux contigus	ÆSCHNA.
				Bord anal des secondes ailes arrondi dans les deux sexes. Yeux contigus	ANAX.
	Les quatre ailes semblables, relevées ou horizontales dans le repos. Tête transverse. Yeux éloignés l'un de l'autre. Ocelles en triangle. Lobe intermédiaire de la lèvre inférieure bifide. Quatre appendices anals dans les mâles	Ailes sessiles : NORMOPTÉROÏDES	Point de parastigma	Ailes colorées, relevées dans le repos.	CALEPTERYX.
		Ailes pétiolées : HÉTÉROPTÉROÏDES	Un parastigma	Ailes hyalines, horizontales dans le repos, à parastigma allongé.	LESTES.
				Ailes hyalines, relevées dans le repos, à parastigma allongé.	SYMPECMA.
				Ailes hyalines, relevées dans le repos, à parastigma rhomboïde.	AGRION.

ORDRE DES NÉVROPTÈRES.

FAMILLE DES LIBELLULIDÉES.
(*LIBELLULIDÆ.*)

Libellulina. *Mac Leay.*

Caractères. — Mandibules et mâchoires cornées, trés-fortes et recouvertes par les deux lèvres. Trois articles aux tarses. Ailes égales. Abdomen terminé par des appendices supérieurs et inférieur chez les mâles; l'inférieur manquant chez les femelles.

Deux grands yeux latéraux; trois ocelles (ou yeux lisses) situés sur le vertex. Deux antennes aux côtés du front devant une élévation vésiculeuse, dans le plus grand nombre de cinq à six articles ou au moins de trois, dont le dernier composé est en forme de stylet [1].

Ces insectes répondent au genre *Libellula* de Linné, et à l'ordre des *Odonates* de Fabricius.

[1] Voyez les généralités dans l'Avant-Propos.

Tribu 1ʳᵉ. —LIBELLULINES.

LIBELLULINA [1].

(*FAMILLE DES LIBELLULIDÆ*. Mac Leay.)

Ailes horizontales dans le repos, munies d'une membranule accessoire près du bord anal, qui est séparé du bord postérieur par un angle anal aigu ou arrondi.

Tête plus ou moins globuleuse, la pièce intermédiaire de la lèvre inférieure entière. Les mâles ont trois appendices anals, dont un inférieur.

Le vol est soutenu, très-vif. Les mâchoires très-fortes. Les ailes inférieures sont très-différentes des supérieures, surtout à la base qui est notablement plus large.

Division 1ʳᵉ. — LIBELLULOIDES. (Nobis).

(*Le Genre Libellule de Fabr. Latr. Vander Lin. B. de Fonscol.*)

Caractères. — Un tubercule ou vésicule élevée devant les yeux. Lobe intermédiaire de la lèvre inférieure plus petit que les deux latéraux, qui se joignent en dessus par une suture longitudinale en fermant exactement la bouche. Yeux contigus. Les trois ocelles en triangle, l'antérieur plus grand.

Cette division comprend les genres européens. *Libellula* (L.) *Libella* (nobis), et *Cordulia* (Leach.). Voici le tableau systématique des espèces contenues dans ces genres, et dont nous donnerons une description détaillée.

---

[1] Je n'ai pu adopter les mots *Libellulidæ* et *Agrionidæ*, proposés par M. Mac Leay, parce que la terminaison *idæ* est affectée aux familles, et que dans ma manière de voir je ne regarde les deux groupes précités que comme de simples tribus.

TABLEAU SYSTÉMATIQUE DES GENRES LIBELLULOIDES.

GENRES.	SECTIONS.	GROUPES.			ESPÈCES.
GENRE LIBELLULE.	Abdomen plus ou moins large et déprimé	Une tache noire, triangulaire, à la base des ailes inférieures. . . .	Abdomen invariable, roussâtre	Une tache noire cubitale aux 4 ailes. Membranule blanche.	1. QUADRIMACULATA.
			Abdomen bleu, pulvérulent chez les mâles adultes	Une tache oblongue à la base des supér. Membranule blanche.	2. DEPRESSA.
				Une ligne oblongue à la base des supér. Membranule noirâtre.	3. CONSPURCATA.
		Point de tache noire à la base des ailes	Abdomen bleu, pulvérulent chez les mâles adultes . . .	Membranule accessoire noire. .	4. CANCELLATA.
				Membranule blanche. Abdomen déprimé	5. CÆRULESCENS.
				Membranule blanche. Abdomen étroit, peu déprimé	6. OLYMPIA.
			Abdomen rouge-vif chez les mâles adultes	Membranule noirâtre.	7. FERRUGINEA.
				Une bande transverse brune à l'extrémité des ailes	8. PÆDEMONTANA.
				Le tiers des ailes inférés au moins safrané. Pieds à lignes jaunes.	9. FLAVEOLA.
	Abdomen plus ou moins cylindrique ou comprimé		Abdomen rouge-vif chez les mâles adultes	Base des ailes safranée. Parastigma noir ou rouge. Pieds noirs.	10. ROESELII.
				Base des ailes safranée. Parastigma jaune. Pieds jaunes en dehors	11. FONSCOLOMBII.
		Point de tache noire à la base des ailes		Ailes non colorées. Pieds à lignes jaunes	12. VULGATA.
			Abdomen noir chez les mâles adultes	Parastigma presque carré. Une grande tache noire sur le front.	13. SCOTICA.
				Parastigma petit, oblong, livide. Front tout noir	14. NIGRA.
		Une tache noire, triangulaire, à la base des ailes inférieures. . . . (Voyez pag. 57).	Abdomen à taches dorsales, rouges ou jaunes.	Membranule petite. Front blanchâtre. Lèvre inférieure noire.	15. RUBICONDA.
GENRE LIBELLE . .	Abdomen subdéprimé	Une tache noire, triangulaire, à la base des ailes inférieures. . .	Abdomen invariable, roussâtre	Membranule très-grande. Front jaunâtre. Lèvre inférieure jaunâtre.	1. BIMACULATA.
GENRE CORDULIE .	Abdomen subcylindrique	Point de tache noire à la base des ailes	Abdomen vert-bronzé	Front vert-bronzé avec une tache jaune devant chaque œil. Abdomen à taches marginales jaunes.	1. FLAVOMACULATA.
				Front vert-bronzé avec une bande transverse jaune. Abdomen presque sans taches	2. METALLICA.
				Front vert-bronzé avec une tache jaune devant chaque œil. Abdomen presque sans taches.	3. ALPESTRIS.
				Front vert-bronzé. Abdomen presque sans taches	4. ÆNEA.
				Front vert-bronzé. Abdom. avec des taches dorsales jaunes. .	5. CURTISII.

I. GENRE LIBELLULE.

(*LIBELLULA.* L. et auct.)

Caractères. — La pièce intermédiaire de la lèvre inférieure petite,
plus large que haute, en demi-cercle, beaucoup plus petite que les
deux grandes latérales à la base desquelles elle se trouve. Une protubérance, ou tubercule élevé, très-distincte devant les yeux entre
les antennes. et portant les ocelles qui sont disposés en triangle.
Tête globuleuse. Les yeux contigus. Point d'espace lisse ou de second
œil sur la tempe en arrière de chacun des deux grands yeux.

Abdomen plus ou moins lancéolé ou en forme de lame d'épée, déprimé ou cylindrique, plus court que la longueur de l'aile inférieure.
Appendices courts, rapprochés, plus ou moins cylindriques ou en
fuseau, au nombre de trois chez le mâle; l'inférieur manquant chez
la femelle. Les parties génitales accessoires du mâle sont peu proéminentes au-dessous du deuxième segment abdominal. Point d'appendices ni de lames prolongés au-dessous du huitième segment de la
femelle, où la vulve est simplement recouverte d'une écaille double.

Ailes horizontales dans le repos. Le bord anal des inférieures semblable et arrondi dans les deux sexes. Membranule accessoire visible, mais petite.

Le mot *Libellula*, adopté par Linné pour désigner le
genre qui embrassait toute la famille naturelle des Libellulidées, a maintenant un sens beaucoup plus restreint,
bien qu'il comprenne encore un grand nombre d'espèces
susceptibles de former plusieurs petits groupes caracté-
risés par les taches des ailes et le plus ou moins de largeur de l'abdomen. Je crois (au moins quant aux espèces d'Europe) qu'il serait impossible de pousser la
division générique plus loin qu'on ne l'a fait, car s'il est
vrai que la forme de l'abdomen de la *Depressa* est bien
différente, par exemple, de celle de la *Vulgata*, il faut
ajouter qu'en admettant ce principe, il faudrait créer

presque autant de genres qu'il existe d'espèces intermédiaires entre ces deux espèces, et l'on tomberait dans l'ab-
surde. Les groupes inférieurs que j'ai établis, n'ont donc
pour objet que de faciliter la détermination des espèces, et
de permettre un plus grand laconisme dans les diagnoses.

La plupart des mâles de la première section ont le dessus de l'abdomen coloré en bleu-clair pulvérulent, mais ils
ne doivent cette coloration qu'à une exsudation qui n'est
développée que chez les individus adultes. La couleur
rouge-vif, propre à beaucoup de mâles de la deuxième
section, ne se présente aussi que chez ceux qui sont éclos
depuis quelque temps. Auparavant, les mâles des Libellules sont à peu près colorés comme les femelles, dont
la nuance générale est jaune ou olivâtre. La seule *Libellula quadrimaculata* ne change pas avec l'âge.

Dans ce genre, les appendices anals ne sont point très-
apparents et ne servent guère de caractères spécifiques.
Les meilleurs sont ceux que l'on tire de la forme et de la
longueur de l'abdomen, de la présence et de la forme
des taches noirâtres à la base des ailes, de la couleur de
la membranule accessoire et des pieds, enfin de la couleur
et de la longueur du parastigma.

1re SECTION.

Abdomen large, déprimé (presque toujours saupoudré de bleu dans
les mâles adultes). L'abdomen est presque toujours plus large chez
la femelle. Cette forme est produite par les segments qui sont aussi
larges que longs ou même encore plus larges.

1er GROUPE.

Une tâche noirâtre plus ou moins triangulaire à la base des ailes inférieures au moins.

N° 1. LIBELLULA QUADRIMACULATA. (L.)

LIBELLULE A QUATRE TACHES.

Diagnose. — Abdomen déprimé, olivâtre, velu. Ailes safranées à la base. Une tache cubitale vers le milieu de la côte et le parastigma noirs. Une grande tache triangulaire noirâtre, réticulée de jaune à la base des inférieures. Membranule accessoire blanche.

Dimensions. — (Voyez le tableau.)

Synonymie. — LIBELLULA 4-MACULATA. Lin. Fab. Latr. Vander L. T. Charp. Fonscol. Stephens. Curt. De Selys. Burmeist.
— PRÆNUBILA. Newman (*variété.*)
LA FRANÇAISE. Geoffr.

♂. Bouche et ocelles noirâtres. Front et tubercule jaunâtres. Yeux verdâtres, bruns en dessus. Derrière de la tête noir, tacheté de jaune. Thorax velu, d'un roux obscur en dessus, jaune latéralement avec deux stries noires obliques de chaque côté. Abdomen déprimé, renflé à la base, d'un roux olivâtre ou verdâtre. Le premier segment, l'extrémité du 7me, les 6me, 7me, 8me, 9me et 10me noirâtres, les 4me, 5me, 6me, 7me et 8me ayant en outre une tache marginale jaune. Appendices anals noirs; les deux supérieurs presqu'aussi longs que les deux derniers segments de l'abdomen, minces à leur base, plus épais et un peu divergents à leur extrémité; l'inférieur une fois plus court, triangulaire, recourbé en haut. Pieds noirs. Ailes blanches, leur base safranée. Parastigma noir. Un gros point ou virgule noire au milieu de la côte des ailes, et une grande tache triangulaire noirâtre, irrégulière, réticulée de jaune, à la base des inférieures et adossée à la membranule accessoire, qui est petite et blanche. La nervure de la côte est en partie jaune extérieurement.

♀. A peu près semblable au mâle, mais l'abdomen un peu plus large.

Tels sont les individus ordinaires. Leurs ailes ne sont lavées de jaune qu'à la base, le point du milieu de la côte est simple, le corps est sans éclat, souvent gris-verdâtre.

Var. α. — La première variété que je signalerai est

plus belle. Les ailes sont lavées de jaune jusqu'au milieu de la côte, dont la tache médiane est double, ombrée de brun et accompagnée d'un point noir, ou bien marquée d'un espace transparent au milieu. L'abdomen est d'un beau brun et ses côtés d'un jaune vif.

Var. β.—Libellula prœnubila. (Newman). Celle-ci est plus remarquable. Le corps est comme dans la *var. β*, mais les ailes ont leur extrémité noire ou brune à partir du parastigma que cette couleur embrasse, et la tache cubitale est très-grande, réticulée de jaune, presque carrée ; la grande tache basale des inférieures est plus arrondie ; enfin la côte est jaune en dehors, même dans sa seconde partie.

La *Libellula 4-maculata* habite les prairies humides de toute l'Europe, depuis la fin de mai jusqu'au 15 août, selon les climats. La *var. α* a l'extrémité des ailes noirâtre ; elle est tout à fait locale. Vander Linden l'avait vue en Italie, et la croyait propre à la femelle, mais M. de Fonscolombe, qui la décrit comme l'espèce type, signale le mâle. Elle est commune en Provence, et je l'ai prise dans la campagne de Rome au mois de mai ; je croyais qu'elle n'existait que dans le Midi, mais on l'a retrouvée depuis en Écosse, et les auteurs anglais en ont fait une espèce distincte sous le nom de *Prœnubila*.

Dans ce dernier pays, le bout des ailes est d'un brun clair, ce qui semble confirmer mon opinion, surtout que nous avons vu que les ailes de cette espèce varient beaucoup de couleur ; mais la présence constante de la tache surnuméraire du milieu de la côte fera reconnaître au premier coup d'œil la *4-maculata* de toutes les autres espèces d'Europe.

N° 2. LIBELLULA DEPRESSA. (Lin.)

LIBELLULE APLATIE.

Diagnose. — Abdomen large, très-déprimé, olivâtre (bleu pulvérulent chez les mâles adultes), avec des taches marginales jaunes. Une grande tache oblongue à la base des ailes supérieures, et une autre triangulaire brune à celle des inférieures. Membranule accessoire blanche.

Dimensions. — (Voyez le tableau.)

Synonymie. — LIBELLULA DEPRESSA. Lin. Fabr. Vander L. Charp. Fonscol. Steph.
Curt. De Selys. Burmeist.
— DEPRESSA. Latr. (*la femelle seulement*).
— FRIEDERICHSDALENSIS? Muller.
LA PHILINTHE et L'ÉLÉONORE. Geoffr.

♂. Adulte. Tête brunâtre ainsi que les yeux. Thorax brun-roussâtre avec deux stries blanchâtres humérales bordées de noir. Abdomen très-large, déprimé ; le premier et le dernier segment noirâtres, tout le reste en dessus d'un bleu clair pulvérulent avec un vestige de tache jaune sur les bords extérieurs des 3me, 4me et 5me segments. Appendices anals supérieurs noirs, penchés en bas; l'inférieur brun, triangulaire, pointu. Pieds noirs. Les cuisses en partie roussâtres. Ailes hyalines. Parastigma noir. Membranule accessoire blanche. Une tache oblongue à la base des supérieures, et une autre plus grande triangulaire à celle des inférieures brunes, marquées au milieu d'un espace oblong et réticulées de jaune-safran. La nervure de la côte noire.

♀. Elle diffère du mâle en ce que le dessus de l'abdomen, qui est plus large, n'est point bleu. Il est jaune-olivâtre avec des taches marginales jaunes, excepté sur le premier et les trois derniers segments. Ceux-ci bruns, avec une strie dorsale noire. Appendices anals petits, écartés : les deux stries humérales du devant du thorax sont jaunes.

Les mâles nouvellement éclos sont colorés comme les femelles, dont ils se distinguent par leur abdomen moins élargi et à dos plus foncé. L'exsudation bleue se forme peu à peu, de sorte qu'on trouve des individus intermédiaires où la couleur bleue est plus ou moins étendue sur le jaune.

Habite les jardins et le bord des eaux de toute l'Europe, depuis le mois de mai jusqu'au mois d'août. Ce n'est guère que vers le 15 juin que l'on commence à voir des mâles bleus, et en Angleterre, selon M. Curtis, ils ne paraîtraient même qu'en août. Près de Rome je les ai vus dans cet état dès le 25 mai.

La *Libel. depressa* est la seule d'Europe qui ait une grande tache oblongue, brune, à la base des ailes supérieures; on ne peut donc la confondre avec les autres, qui toutes ont d'ailleurs l'abdomen beaucoup moins large.

N° 3. LIBELLULA CONSPURCATA. (Fabr.)

LIBELLULE SALIE.

Diagnose. — Abdomen déprimé, roussâtre (bleu pulvérulent chez les mâles adultes). Une ligne oblongue à la base des ailes antérieures; une ligne et une tache triangulaire brunes, à celle des inférieures. Membranule accessoire noirâtre.

Dimensions. — (Voyez le tableau.)

Synonymie. — Libellula conspurcata. Fabr. Vander L. Charp. Steph. Curt. De Selys. Burmeist.
— bimaculata. Stephens (variété).
— depressa (variété mâle). Fonscol. (variété).

♂. Adulte. Tête brune. Yeux grisâtres. Thorax brun, velu. Abdomen déprimé, d'un bleuâtre pulvérulent au milieu, noirâtre à la base et sur les trois derniers segments. Appendices anals supérieurs noirs, minces, plus épais à leur extrémité, une fois plus longs que le dernier segment, penchés en bas : l'inférieur plus court, large, pointu. Pieds noirs. La base des cuisses roussâtre. Ailes hyalines : leur pointe brunâtre. La nervure costale noire en dehors. Parastigma noir. Une ligne courte noire à la base des ailes supérieures, une autre semblable aux inférieures, accompagnée d'une tache triangulaire noire, réticulée de jaune vif, adossée à la membranule accessoire qui est petite, noirâtre. Cette tache triangulaire est une fois plus petite que dans la *Depressa*, et se trouve séparée de la ligne supérieure par un espace transparent safrané.

♀. Diffère du mâle en ce qu'elle est entièrement d'un brun roussâtre, avec une strie dorsale noire depuis le quatrième jusqu'au neuvième segment abdominal. Cette bande est formée de taches triangulaires appuyées sur le bord postérieur de chaque segment. Les pieds sont noirs, à cuisses roussâtres. Les appendices anals écartés, penchés l'un vers l'autre. La tache basale des inférieurs est un peu plus grande que chez le mâle.

Les mâles et les femelles nouvellement éclos, ont le corps encore plus jaunâtre que les femelles adultes. *Le devant de la tête est aussi de cette couleur;* mais ce qui est très-remarquable, c'est que les 2ᵉ, 3ᵉ 4ᵉ et 5ᵉ *nervures longitudinales sont d'un jaune vif* depuis la base jusqu'au milieu de la côte : la base de l'aile est aussi jaunâtre.

Var. α. On trouve souvent des mâles qui n'ont pas le bout des ailes brun. La *Libellula bimaculata* de M. Stephens, est un jeune mâle roussâtre dans cet état. La *Libellula depressa, variété,* décrite par M. Boyer de Fonscolombe, est un mâle adulte bleu, même variété.

Habite une grande partie de l'Europe tempérée : l'Italie, l'Angleterre, l'Allemagne, la France et la Belgique en juin. Elle est peu répandue, fort défiante et fréquente les bois.

Se distingue bien de ses congénères par la ligne courte basale des ailes supérieures.

2ᵐᵉ GROUPE.

Point de taches noirâtres à la base des ailes [1].

---

[1] C'est ici qu'il faudrait placer la *Libellula Sparshallii* (Curtis), citée comme ayant été prise en Angleterre, à Horning, en 1823, par feu M. Sparshall; mais il paraît que c'est une espèce exotique de la Nouvelle-Hollande, et que l'indication de l'habitat en Angleterre est erronée.

N° 4. LIBELLULA CANCELLATA. (Lin.)

LIBELLULE A TREILLIS.

Diagnose. — Abdomen déprimé, renflé à la base, varié de jaune et de noir (bleuâtre pulvérulent chez les mâles adultes). Membranule accessoire noirâtre.

Dimensions. — (Voyez le tableau.)

Synonymie. — Libellula cancellata. Lin. Fabr. Oliv. Vander L. Fonscol.
Steph. Curtis. De Selys. Burm.

—   cancellata. Latr. (*la femelle*).
—   depressa mas. Latr. (*le mâle*).
—   frumenti? Muller.
—   lineolata. T. de Charp. (*femelle*).
La sylvie. Geoffr. (*femelle*).

♂. Adulte. Tête grisâtre, brune en dessous. Yeux verts. Tubercule des ocelles très-élevé, brun avec deux petites pointes ou dents noires. Derrière de la tête noir, tacheté de jaune. Thorax olivâtre, velu, un peu bleuâtre en dessus, avec deux stries humérales noires. Les côtés d'un gris jaunâtre avec une bande oblique obscure, bordée par deux lignes noires. Poitrine brune, chargée de poussière blanche. Abdomen déprimé, renflé à la base, bleuâtre, pulvérulent en dessus. Les côtés des deux premiers segments, l'extrémité du 6°, les 7°, 8°, 9° et 10° segments noirs. Quelquefois un vestige de tache jaune marginale aux 3°, 4°, 5° et 6°. Appendices anals noirs à pointe cendrée; les supérieurs en fuseau, un peu plus longs que le dernier segment, finement poilus; l'inférieur plus court, triangulaire, recourbé en haut. Pieds noirs. Ailes hyalines. Parastigma noir. Membranule accessoire noirâtre. La nervure de la côte jaune en dehors, ainsi que quelques-unes des transversales.

♀. Toute jaune. Les yeux vert-grisâtre. Tubercule des ocelles olivâtre, entouré de noir. Deux lignes humérales et une autre latérale noires sur chaque côté du thorax. Abdomen olivâtre avec les bords des segments et une bande noire flexueuse longitudinale sur chaque côté du dos. Les cuisses roussâtres, bordées de noir. Le reste des pieds noir.

Les femelles nouvellement écloses diffèrent en ce que le front, les côtés du thorax et l'abdomen ont leur fond

d'un beau jaune, et que la base des ailes jusqu'au milieu
de la côte est lavée de jaune.

Les mâles nouvellement éclos ont absolument la même
coloration, l'exsudation de poussière bleuâtre ne se déve-
loppe que peu à peu, et laisse transparaître souvent les
plaques dorsales et latérales jaunes. Dans cet état le mâle
n'a pas encore été décrit.

Habite une grande partie de l'Europe, depuis la Suède
jusqu'en Italie, paraît depuis le mois de mai jusqu'en
août, selon les climats. En Belgique elle est très-commune
sur les étangs en juin et juillet.

Il est singulier que Toussaint de Charpentier n'ait point
trouvé cette espèce en Silésie, ce qui lui fait dire que la
Cancellata de Linné est sans doute une variété de la *Vul-*
gata. Il décrit, il est vrai, la femelle de notre *Cancellata*
sous le nom de *Lineolata*, d'après un individu reçu de
Hongrie ; mais sa description est très-incomplète, et il cite
à l'appui (avec doute il est vrai) la fig. 1 de la pl. 137 de
Scheffer, qui est encore moins reconnaissable et qu'il vaut
mieux supprimer entièrement.

N° 5. LIBELLULA CÆRULESCENS. (Fabr.)

LIBELLULE BLEUÂTRE.

Diagnose. — Abdomen déprimé, un peu caréné en dessus, olivâtre (bleu pulvérulent dans les mâles adultes). Parastigma brun (long d'une ligne). Membranule
accessoire blanche.

Dimensions. — (Voyez le tableau.)

Synonymie. — Libellula cærulescens. Fabr. Vander L. Charp. Fonscol.
Steph. Curtis. De Selys. Burmeist.
    — biguttata. Donovan.
    — donovani. Leach.
    — vulgata. Scopoli.
    — brunnea. B. de Fonscol (*recens nata*).

♂. Adulte. Front gris-bleuâtre. Bouche un peu jaunâtre. Yeux bleu-verdâtre, plus clair en dessous. Ocelles olivâtres. Derrière de la tête jaune, tacheté de noirâtre. Thorax peu velu, en entier d'un bleu cendré-clair pulvérulent. Abdomen déprimé, un peu caréné en dessus, aussi en entier d'un bleu cendré-clair, pulvérulent en dessus, noirâtre en dessous. Appendices anals noirâtres, saupoudrés de bleu; les supérieurs finement poilus, fusiformes; l'inférieur plus court, triangulaire, recourbé en haut. Pieds noir-bleuâtre, souvent une nuance brune sur les cuisses. Ailes hyalines; leur articulation avec le thorax brune, saupoudrée de bleu. Parastigma brun-jaunâtre, moyen (long de 1 ligne). Membranule accessoire blanche. Nervure de la côte jaunâtre extérieurement, souvent noire dans sa première partie.

♀. En entier d'un brun roussâtre ou olivâtre. Une ligne médiane et deux autres latérales noires sur le devant du thorax. Une bande brune oblique sur ses côtés, qui sont un peu verdâtres. Le bord postérieur de chaque segment marqué d'une ligne noire, et avant cette ligne, sur les 4ᵉ, 5ᵉ, 6ᵉ, 7ᵉ et 8ᵉ il y a deux points rapprochés, entre lesquels passe la ligne longitudinale étroite également noire, qui suit l'arête de l'abdomen. Les bords latéraux sont aussi suivis par une ligne noire. Dessous de l'abdomen cendré, avec une ligne médiane blanchâtre pulvérulente. Appendices anals courts, divergents, poilus, roussâtres, à pointe noire. Pieds roussâtres. Le côté interne des jambes et leurs épines noirâtres.

Les mâles et femelles nouvellement éclos (ou la *Libellula brunnea* de M. de Fonscolombe) ressemblent à la femelle adulte, si ce n'est que le parastigma est jaune et le front jaunâtre, et que chez le mâle il y a deux bandes gris-jaunâtre bordées en dehors de noir sur le devant du thorax. On trouve tous les passages de ces mâles bruns aux mâles bleus. Il est même assez rare de rencontrer des individus aussi adultes et bleus que celui que j'ai décrit. Le plus souvent le thorax n'est qu'imparfaitement saupoudré de cette couleur.

Var. α. Plus petite, semblable pour le reste.

Cette espèce est commune dans une grande partie de

l'Europe tempérée et méridionale, bien que Vander Linden
ét Toussaint de Charpentier la regardent comme exclu-
sivement méridionale. En Belgique et en Angleterre, elle
est commune en juin et juillet, surtout le long des chemins, au milieu des champs de blé et loin de l'eau. En
Provence , M. de Fonscolombe a observé les individus
bruns dès le 22 mai, et les autres jusqu'au mois de septembre.

Diffère surtout de la *Cancellata* par la couleur blanche
de la membranule accessoire, de la *L. olympia* par son
abdomen plus large et le parastigma moins allongé.

Nº 6. LIBELLULA OLYMPIA. (B. de Fonscol.)

LIBELLULE OLYMPIE.

Diagnose. — Abdomen peu déprimé, un peu caréné, presque linéaire, olivâtre
(bleu pulvérulent chez les mâles adultes). Parastigma oblong (long d'une ligne et
demie). Membranule accessoire blanche.

Dimensions. — (Voyez le tableau.)

Synonymie. — LIBELLULA OLYMPIA. Fonscol., 1837. De Selys.
   — CÆRULESCENS. Var. *Minor.* Vander. L.
   — OPALINA? Charp.

♂. Adulte. Tête gris-verdâtre. Yeux de même couleur. Derrière de
la tête jaune, à peine tacheté de noir. Thorax brun avec deux taches
oblongues blanchâtres sur le devant. Les côtés bruns mêlés de gris bleuâtre, espace interalaire presque toujours marqué d'une tache oblongue
dorsale blanchâtre. Abdomen étroit, caréné, renflé à la base, un peu
rétréci au 3º segment, un peu déprimé ensuite, et finissant en pointe.
Couleur de l'abdomen en entier d'un bleu cendré pulvérulent en dessus
avec la base du 1ᵉʳ segment brun et le 10º noir, d'un brun jaunâtre en
dessous. Appendices anals semblables à ceux de la *Cærulescens*, mais encore moins velus. Pieds noirs. Les cuisses d'un brun jaunâtre en dehors.
Ailes hyalines. Parastigma jaunâtre, oblong (long de 1 ½ ligne). Membranule

accessoire blanche. Articulation des ailes noire, lavée de roussâtre aux inférieures surtout. Nervure de la côte jaune extérieurement.

♀. Diffère du mâle en ce qu'elle est en entier d'un brun olivâtre ou d'un gris brun. Le front et les yeux sont gris teintés de roussâtre. Les côtés du thorax gris-verdâtre. L'abdomen marqué comme dans la *Cœrulescens* d'une ligne dorsale et d'une ligne marginale noires, et les 4°, 5°, 6°, 7° et 8° segments aussi marqués de deux points très-rapprochés sur les côtés du dos. Les pieds sont d'un jaune roussâtre. Le côté intérieur des jambes et leurs épines noirâtres. L'abdomen est de forme presque cylindrique, caréné, même un peu comprimé dans sa dernière partie.

Les mâles nouvellement éclos ressemblent aux femelles quant à la couleur. On trouve souvent des individus qui font le passage de ceux-ci aux adultes par la nuance de l'abdomen qui est à demi-saupoudré de bleuâtre.

Var. α. Plus grande, égalant presque les dimensions de la *L. cœrulescens,* mais de forme semblable à l'*Olympia* ordinaire. La base et la côte des ailes lavées de jaune. J'ai pris en Belgique le mâle et la femelle adultes de cette variété remarquable.

L'espèce a été découverte par M. de Fonscolombe en Provence. Elle y est commune tout l'été. Elle avait été confondue jusque là avec la *Cœrulescens,* quoique Van-der Linden laisse soupçonner qu'il doutait de son identité. Elle lui ressemble en effet beaucoup, mais s'en distingue par la forme de l'abdomen et du parastigma. Depuis, j'ai retrouvé l'espèce en Belgique au mois de juillet, et en Italie au 15 de mai. La variété plus grande est peut-être la *Libellula opalina* de Toussaint de Charpentier, mais sa description est malheureusement très-incomplète, et la *fig.* 3 de la pl. 206 de Schœffer, qu'il cite à l'appui, paraît représenter la *Cancellata* mâle à demi-adulte ; voici au surplus sa description :

Libellula opalina.

Testacée. Deux stries larges, obliques, couleur d'opale ou de perle sur les côtés du thorax, terminées de noir en-dessus. Habite l'Italie supérieure, la Hongrie, le midi de l'Allemagne. Taille et stature de la *Libellula depressa*, mais l'abdomen beaucoup plus étroit. Tête globuleuse, pâle en avant. Les yeux bruns, dans les individus secs ; leur partie postérieure jaune, tachetée de brun. Thorax testacé, avec des stries dorsales plus claires, souvent effacées. Sur les côtés deux taches ou deux stries larges, obliques, couleur d'opale ou de perle, qui sont terminées en dessus par une ligne noire. Abdomen exactement triquètre, luisant (surtout chez les mâles), avec des lignes latérales noires. La ligne dorsale et le bord noir des segments sont dentelés en scie. Couleur de l'abdomen testacée, quelquefois plus foncée. Ailes hyalines. Le parastigma testacé, oblong. Pieds testacés ; leur base noire.

N° 7. LIBELLULA FERRUGINEA. (Fabr.)

LIBELLULE FERRUGINEUSE.

Diagnose. — Abdomen déprimé, jaunâtre (rouge vif dans les mâles adultes). Les ailes antérieures un peu safranées à leur base ; les inférieures très-largement. Parastigma jaune. Membranule accessoire noirâtre.

Dimensions. — (Voyez le tableau.)

Synonymie. — Libellula ferruginea. Fabr. Oliv. Vander L. Fonscol. Burm.
— servilia? Drury.
— erythræa. Brullé, *Expédit. de Morée.*

♂. Adulte. Tête d'un rouge clair. Yeux rougeâtres, variés de bleuâtre en dessous. Thorax rouge-obscur. Abdomen large, déprimé, entièrement d'un rouge cramoisi éclatant, et les côtés un peu transparents. Une petite ligne dorsale noire sur le 9ᵉ segment. Appendices anals supérieurs minces, en fuseau, d'un rouge pâle, ayant deux fois la longueur du dernier segment ; l'inférieur plus court, triangulaire, recourbé en haut. Pieds d'un rouge clair. Ailes hyalines ; une petite tache à la base des supérieures et un grand espace jaune-safrané à celle des inférieures. Parastigma jaune-rougeâtre. Membranule accessoire noirâtre. Nervure de la côte rougeâtre en dehors.

♀. Tête jaunâtre. Yeux bruns, gris en dessous. Thorax jaunâtre avec deux stries humérales contiguës de chaque côté. l'une brune, l'autre blanchâtre. L'espace entre les ailes brunâtre avec une strie jaune. Abdomen d'un gris verdâtre, un peu plus déprimé que chez le mâle, jaune et transparent sur les côtés, avec une ligne dorsale et une autre un peu effacée sur chaque côté, le bord des segments, deux points postérieurs peu visibles sur les 3e, 4e, 5e, 6e et 7e, et une ligne transverse sur les 2e et 3e, noirs ; dessous de l'abdomen jaune. Appendices anals jaunes, courts, minces, éloignés l'un de l'autre. Pieds jaunes, à dentelures noires. Tarses bruns. Ailes comme le mâle, mais les taches basales d'un jaune un peu plus clair. Nervures de la côte jaunâtre.

Les mâles nouvellement éclos ne sont pas rouges. Cette couleur est remplacée par du jaunâtre qui tire plus ou moins sur l'orange, et les côtés de l'abdomen sont d'un jaune blanchâtre transparent. Souvent on voit une partie de l'abdomen qui a pris déjà la couleur rouge.

Habite l'Italie centrale et méridionale, le midi de la France, l'Espagne, le nord de l'Afrique et une partie de l'Asie. Je l'ai vue à Naples le 10 mai ; elle était très-commune dans les fossés de Ferrare et dans les marais de Ravenne vers le 10 juin. Je ne la vis plus à Venise ni dans la Lombardie, et elle semble ne pas s'y trouver. En Provence, M. de Fonscolombe l'indique au mois de juillet et d'août. L'éclat du mâle adulte est tel qu'on ne peut s'en faire d'idée sans l'avoir vu ; au soleil il ressemble à un rubis, mais cette couleur s'évanouit après la mort. Il voltige sur l'eau avec une rapidité et une défiance très-grandes, mais on le prend facilement dans les fossés à moitié desséchés. Cette espèce est la même à Java.

Par sa coloration, cette espèce se rapproche de celles

de la seconde section, mais la forme déprimée de son
abdomen l'en distingue facilement, tandis que la base de
ses ailes inférieures, largement safranées, la sépare des
précédentes.

2ᵐᵉ SECTION.

Abdomen mince, cylindrique (presque toujours rouge chez les
mâles adultes.) — L'Abdomen est le plus souvent atténué au milieu
chez les mâles et plus ou moins comprimé chez les femelles. Cette
forme est produite par les segments qui sont plus longs que larges. —
C'est le sous-genre *Diplax* de Toussaint de Charpentier.

1ᵉʳ GROUPE.

Point de taches noirâtres à la base des ailes.

N° 8. LIBELLULA PÆDEMONTANA. (ALLIONI.)

LIBELLULE PIÉMONTAISE.

Diagnose. — Parastigma rouge ou jaune. Une bande transverse brune à l'extrémité des ailes. Abdomen jaune (rouge chez le mâle adulte).

Dimensions. — (Voyez le tableau.)

Synonymie. — LIBELLULA PÆDEMONTANA. Allioni. Fab. Oliv. Charp. Vander L.
            De Selys. Burm.
      —   HARPEDONE. Roemer, t. XXIV, *fig.* 1.
      —   RUBRA, Fuessly, *Catal.*, p. 44.
      —   SIBIRICA. Gmel.

♂. Adulte. Tout entier d'un rouge vif. La tête et la bouche un peu plus
pâles. Abdomen plus court que l'aile inférieure, subcylindrique, un peu
renflé à la base et un peu déprimé au milieu. Appendices anals plus longs
que le dernier segment de l'abdomen. Pieds noirs. La base des cuisses
rouge. Ailes hyalines, à peine jaunâtres à la base des inférieures. Parastigma oblong, rouge. Les quatre ailes traversées par une large bande
transverse d'un brun roussâtre, qui part de la partie postérieure du parastigma et laisse le bout de l'aile transparent. Membranule accessoire
très-petite, cendrée.

♀. Elle diffère du mâle en ce que l'abdomen est comprimé et que le dessus du corps et le parastigma sont jaunes au lieu d'être rouges , et la base du 1er et du 2me segment est noire ainsi que la pointe des appendices anals ; le reste de l'abdomen est d'un jaune obscur.

Le mâle nouvellement éclos est coloré comme la femelle.

La femelle, dans le même état, a le parastigma presque blanc.

Habite le Piémont, l'Italie supérieure, une partie de la Suisse et de la Silésie. Fréquente les montagnes. M. Putzeys, entomologiste belge, en a pris cette année (1839) des individus en août et septembre , dans les tourbières des environs d'Arlon (province de Luxembourg), ce qui est une découverte importante pour la Faune Belge et la géographie des insectes. Si c'est la même, comme il paraît, que la *Sibirica* de Lepechin, elle se trouve aussi en Sibérie. Enfin M. Guérin-Menneville m'a communiqué une *Libellule* d'Arménie, qui est absolument la même que la *Pœdemontana*. On voit que cette espèce est beaucoup plus répandue qu'on ne le croyait.

La bande brune qui traverse les ailes de cette espèce empêchera de la confondre avec aucune autre d'Europe.

N° 9. LIBELLULA FLAVEOLA. (Lin.)

LIBELLULE JAUNETTE.

Diagnose. — Parastigma rouge ou brun. La base des ailes supérieures et le tiers au moins des inférieures jaune-safran. Pieds noirs, rayés de jaune. Abdomen notablement plus court que les ailes , jaune (rouge dans le mâle adulte).

Dimensions. — (Voyez le tableau.)

Synonymie. — Libellula flaveola. Lin., *Syst. nat.* Fabr. Latr. Charp. Vander L. Steph. De Selys. Burm.
    —   flaveolata. Lin., *Fau. suec.* Curtis.

Les *Libellula flaveola*, *Roeselii* et *Fonscolombii* étant extrêmement voisines de la *Vulgata*, j'aurais dû répéter bien des fois les mêmes caractères ; j'ai cru faire une chose plus utile pour la détermination, en me bornant à donner les diagnoses de ces espèces et en signalant ensuite les différences en prenant la *Vulgata* (n° 12) pour terme de comparaison.

La *L. flaveola* diffère de la *Vulgata* :

1° Par son abdomen beaucoup plus court que l'aile inférieure, comprimé, d'un jaunâtre clair (rouge vif dans le mâle adulte) ;

2° Par la couleur de ses ailes, la base des supérieures et le tiers des inférieures, à partir de la base, étant d'un jaune safrané chez le mâle. Chez la femelle, cette couleur jaune s'étend même jusqu'à la moitié de la côte de chaque aile, et forme souvent un espace lavé de jaunâtre près du parastigma. La nervure costale est aussi jaunâtre extérieurement. Les pieds sont noirs avec une ligne étroite jaune en dehors ; la membranule accessoire petite, blanchâtre.

Habite une grande partie de l'Europe septentrionale et tempérée. Elle semble étrangère au Midi, car M. de Fonscolombe ne l'a pas observée en Provence, et je ne l'ai pas vue en Italie. Je crois qu'elle ne se trouve pas non plus en Suisse. En Belgique, elle est très-commune dans les bois, dans les champs et les prairies depuis la fin de juillet jusqu'en septembre. On en trouve encore quelques individus à la fin d'octobre.

La grande tache jaune de la base des ailes inférieures au moins, distingue suffisamment cette espèce de ses congénères à abdomen également cylindrique ou comprimé.

N° 10. LIBELLULA ROESELII. (Curtis.)

LIBELLULE DE ROESEL.

Diagnose. — Parastigma rouge ou noir. La base des ailes inférieures et un vestige à la base des supérieures jaune-safran. Les quatre pieds postérieurs noirs. Abdomen plus court que l'aile inférieure, jaunâtre (rouge chez le mâle adulte).

Dimensions. — (Voyez le tableau.)

Synonymie. — LIBELLULA ROESELII. Curtis. De Selys.
   — BASALIS. Steph. (*mas juvenis et fœmina*).
   — RUFOSTIGMA. Newman. Steph. (*mas adultus*).
   — RUBICONDA. Scheff.
   — FLAVEOLA VARIETAS. Latr. Vander L. De Selys.
   — ANGUSTIPENNIS? Steph., *Catalog.*
   — *fig.* 4, pl. VIII, vol. 2, Roesel.

Diffère de la *Vulgata* (n° **12**) :

1° En ce qu'elle est ordinairement un peu plus petite, et que l'abdomen est notablement plus court que l'aile inférieure et plus atténué au milieu chez le mâle adulte;

2° En ce que les pieds sont tout noirs à l'exception de l'extrême base des cuisses qui est jaunâtre (mais le côté intérieur de la cuisse des deux pieds antérieurs est aussi d'un jaune pâle, surtout chez les femelles);

3° En ce qu'il y a une tache d'un jaune safrané à la base des ailes, mais très-petite et peu visible aux supérieures, et que la membranule accessoire est cendrée. Le parastigma est noirâtre ou enfumé (rouge chez le mâle très-adulte). Les nervures de la côte noires.

Diffère de la *Fonscolombii* par les caractères indiqués à cette espèce.

Elle ressemble davantage pour la stature à la *Flaveola* ainsi que par la couleur jaunâtre du corps, mais en diffère par l'exiguité de la tache jaune de la base des ailes inférieures, la couleur des pieds, etc.

Je possède un mâle adulte qui a les cuisses de devant noires comme les postérieures. Le parastigma et le dessus du corps sont d'un rouge vif.

Je l'ai prise dans différentes parties de la Belgique, en août et septembre, et dans les dunes, sur le bord de la mer.

L'espèce habite aussi l'Angleterre et la France, et j'en ai pris un individu dans le nord de l'Italie, en juin.

C'est probablement à des individus nouvellement éclos que je dois rapporter ceux que j'ai vus au mois de juin, à Arona, près du lac Majeur, et au Lido de Venise. Ces individus diffèrent des autres en ce que la nervure de la côte est jaune extérieurement, que le parastigma est gris-jaunâtre, et que l'intérieur de la cuisse antérieure est jaune même chez le mâle. La couleur de l'abdomen est jaunâtre, et celui du mâle n'est pas étranglé au milieu, mais plutôt un peu élargi, et chez la femelle il est à peu près cylindrique, tandis que chez les individus adultes de la Belgique, la femelle l'a très-comprimé, noir sur les côtés, avec une ligne cendrée pulvérulente en dessous.

Les pieds tout noirs de la *Rœselii*, la différencient bien de toutes ses congénères, excepté de la femelle de la *Scotica*, mais cette dernière a une grande tache noire sur le front qui n'existe pas chez la *Rœselii* : sans cela on pourrait confondre ces deux femelles.

Nota. La *Libellula angustipennis* de Stephens est au moins très-voisine de celle-ci. Elle ne semble guère en différer que par moins de jaunâtre à la base des ailes. Je ne puis en parler plus au long, ne l'ayant eue qu'un seul instant sous les yeux. Elle a été prise en juin, près de Londres.

N° 11. LIBELLULA FONSCOLOMBII. (De Selys.)

LIBELLULE DE FONSCOLOMBE.

Diagnose. — Parastigma grand, jaune. La base des ailes inférieures et un vestige à celle des supérieures jaune-safrané. Les cuisses noires, jaunes en dehors. Abdomen à peine plus court que les ailes , jaunâtre (rouge chez les mâles adultes).

Dimensions. — (Voyez le tableau.)

Synonymie. — Libellula flaveola. B. de Fonscol. (*Synon. exclus.*)
     — vulgata. *Var.* Vander. L.
     — veronensis? Steph., *Catalog.*
     — fonscolombii. De Selys, *Catalog.*

Diffère principalement de la *L. vulgata :*

1° En ce qu'elle est un peu plus grande et que l'abdomen, qui est un peu plus court, n'est pas étranglé au milieu, mais plutôt un peu élargi.

2° La base des ailes est d'un jaune safrané , peu distinct aux supérieures, mais très-visible aux postérieures où cette couleur s'étend à 2 lignes de la base chez le mâle, et à 1 ligne chez la femelle.

3° Le parastigma est plus grand, jaune à tous les âges. La côte est jaune extérieurement, et les grandes nervures qui lui sont parallèles, sont rougeâtres même chez la femelle.

Les pieds sont , comme chez la *Vulgata,* noirs , largement bordés de jaune extérieurement. Le mâle de la *L. Fonscolombii,* diffère de la femelle en ce que le tibia des deux pieds postérieurs n'est pas rayé de jaune, et qu'il y a plus de jaunâtre à la base des secondes ailes. L'abdomen est d'un jaune plus pur que chez la *Vulgata,* et le mâle adulte est d'un rouge plus éclatant. Cette espèce diffère de la *L. Rœselii* par ses pieds bordés de jaune, et son parastigma jaune-citron. Ces deux parties sont noires dans la *L. Rœselii.* Elle se distingue enfin de la

Flaveola, qui a le tiers entier de l'aile inférieure jaune, et l'abdomen proportionnellement plus court.

Je me fais un devoir et un plaisir de dédier cette jolie espèce au savant et vénérable M. Boyer de Fonscolombe, qui a rendu tant de services à cette partie de l'Entomologie, par la publication de sa *Monographie des Libellules des environs d'Aix en Provence*. C'est lui qui a décrit le premier cette espèce sous le nom de *Flaveola*. Elle est commune en Provence au mois d'août. On la trouve fréquemment accouplée. Je l'ai reprise en Belgique vers le milieu de juillet. Elle se trouve aussi en Espagne, car M. Robyns en a reçu un individu de ce pays.

Elle se trouverait aussi en Angleterre, si c'est la même que la *L. veronensis* de M. Stephens. Je conserve cependant quelques doutes à cet égard, parce qu'il m'a paru que cette dernière a le parastigma noirâtre.

Les différences que j'ai signalées, et même la diagnose seule, suffisent pour distinguer facilement cette espèce de la *Flaveola*, de la *Rœselii* et de la *Vulgata*. Par le parastigma long et jaune, elle ressemble à la *L. olympia* femelle, et par la couleur générale à la *Ferruginea;* mais la couleur des pieds, sans parler de la forme de l'abdomen, est encore ici un critérium infaillible.

N° 12. LIBELLULA VULGATA. (L.)
LIBELLULE VULGAIRE.

Diagnose. — Parastigma rouge ou brun. Pieds noirs, rayés de jaune en dehors. Abdomen presque de la longueur de l'aile inférieure, olivâtre (rouge dans les mâles adultes).

Dimensions. — (Voyez le tableau.)

Synonymie. — Libellula vulgata. Lin. Fabr. Oliv. Latr. Steph. Curt. Fonsc., etc.
  —   —   Vander L. Charp. (*partim.*)
  —   sanguinea. Mull.

♂. Adulte. Tête jaunâtre. Le haut du front rougeâtre, ainsi que le derrière de la tête, qui est tacheté de noir. Yeux d'un rouge foncé en dessus,
jaunes en dessous. Thorax rougeâtre, duveteux. Les côtés avec deux
bandes obliques jaunes, rapprochées, bordées de lignes noires. Poitrine
cendrée. Abdomen cylindrique, un peu atténué au milieu, de la longueur
de l'aile inférieure, d'un rouge carmin éclatant en dessus et sur les côtés,
noirâtre en dessous. La base du premier et du deuxième segment est légèrement noirâtre, et il existe deux petites taches noires dorsales, longitudinales sur les 8mo et 9mo segments. Appendices anals d'un rouge pâle,
les deux supérieurs ayant deux fois la longueur du dernier segment;
l'inférieur un peu plus court. Pieds noirs. Les cuisses et les jambes bordées par une ligne extérieure jaune. Ailes hyalines, à nervures longitudinales parallèles à la côte carmin-obscur. Parastigma rouge-foncé. Membranule accessoire blanche, petite. Il existe souvent un espace à peine
visible, jaune, à la base des ailes.

♀. Diffère du mâle en ce que son abdomen n'est pas atténué au milieu,
mais comprimé dans presque toute sa longueur. Tout ce qui est rouge
dans le mâle est olivâtre ou rougeâtre terne. Rarement il existe des taches
rouges sur l'abdomen, qui est marqué sur presque tous les segments
d'une ligne noire latérale. Il est cendré pulvérulent en dessous.

Chez les mâles récemment éclos, tout ce qui sera rouge,
y compris le parastigma, est simplement d'un olivâtre
plus ou moins foncé. Tous les intermédiaires existent
entre ces différents états, et il y a des mâles qui ne deviennent jamais rouges, ou qui ont simplement une ligne
dorsale et le bord des segments de cette couleur. Au moment de l'éclosion, le corps est transparent, jaunâtre-clair,
et les ailes, surtout à la base, sont lavées de jaunâtre;
mais cette nuance ne forme pas un espace arrêté comme
chez les trois espèces précédentes. Le parastigma est gris-
jaunâtre livide. On trouve ordinairement ces individus
au mois de juillet.

L'espèce est très-commune dans toute l'Europe, depuis
le mois d'août jusqu'en octobre. M. Curtis cite même un

individu pris en Angleterre le 19 novembre. Elle se trouve partout, aussi bien dans les champs que dans des jardins éloignés de l'eau. Elle a l'habitude de se poser dans les chemins.

On a vu que j'ai adopté la manière de voir des naturalistes anglais, qui pensent que ce qu'on avait décrit comme des variétés de la *Vulgata*, sont des espèces bien distinctes. Ils sont en effet dans le vrai, car on trouve fréquemment ces espèces accouplées, et jamais elles ne se mêlent avec la *Vulgata*, ni entre elles. C'est faute d'observations suffisantes que Vander Linden et Toussaint de Charpentier ont regardé la *Fonscolombii*, la *Rœselii* et même la *Scotica*, comme des variétés de la *Vulgata*. Les meilleurs caractères pour distinguer ces espèces très-voisines existent dans la couleur des pieds, dans la proportion de l'espace jaune des ailes inférieures, dans celle de l'abdomen et dans la couleur du parastigma. Toussaint de Charpentier fait remarquer que la valvule ou écaille qui recouvre l'ouverture ventrale de la femelle, au huitième segment, est triangulaire, finissant en pointe relevée, de manière à former un angle droit avec l'abdomen lorsqu'on la regarde de profil ; cela est vrai, mais il a tort de croire ce caractère propre à cette seule espèce, car il existe aussi dans sa *Veronensis*, qui est notre *Scotica*. Cette dernière espèce et la *Nigra*, par leurs ailes incolores, ressemblent un peu à la *Vulgata*, mais la couleur des pieds et du front ne permet pas de les confondre avec elle.

Nº 13. LIBELLULA SCOTICA. (Donovan.)

LIBELLULE ÉCOSSAISE.

Diagnose. — Ailes hyalines (mâle) ou à peine jaunes à la base (femelle). Parastigma grand, presque carré, noir ou blanchâtre. Pieds noirs (légèrement jaunes à la base chez la femelle). Abdomen notablement plus court que les ailes, tacheté de jaune (très-noir dans le mâle adulte). Une grande tache noire sur le front.

Dimensions. — (Voyez le tableau.)

Synonymie. — LIBELLULA SCOTICA. Donovan, 1811. Leach. Curtis. Stephens.
(Supprimez le synonyme de *L. nigra* Vander L.)
— VERONENSIS. Charp., 1825 (*fœm.*).
— PALLIDISTIGMA. Steph. (*recens nata*).
— NIGRA. De Selys, 1837 (supprimez le synonyme de Vander L.). Burmeist.

♂. Adulte. Bouche jaunâtre mêlé de noir. Front jaune avec une grande tache d'un noir d'acier. Le tubercule des ocelles arrondi, élevé, noirâtre. Quatre taches jaunes en arrière de la tête. Yeux bruns en dessus, jaunâtres en dessous. Thorax d'un noir brillant, à duvet jaunâtre avec deux bandes obliques jaunes de chaque côté, et cinq points de même couleur en dessus et en avant de ces bandes. Abdomen cylindrique, renflé à la base et à l'extrémité, très-atténué au milieu, beaucoup plus court que l'aile inférieure, d'un noir luisant avec deux taches latérales pâles sur les 2me et 3me segments. Appendices anals noirs; les deux supérieurs ayant deux fois la longueur du dernier segment; l'inférieur un peu plus court. Pieds tout noirs. Ailes entièrement incolores, hyalines, à nervures costales noires. L'articulation des ailes également noire. Parastigma noir en dessus, blanchâtre avec une ligne noire en dessous. Membranule accessoire très-petite, blanchâtre.

♀. Elle diffère beaucoup du mâle, et ressemble au premier abord à celle de la *Rœselii* ou de la *Vulgata*. Le devant de la tête et le tubercule des ocelles sont jaunes avec une tache brune sur la bouche, une tache transverse noire au milieu du front, et une autre entre le tubercule et le front. Les deux plaques du devant du thorax sont noires et marquées chacune d'une tache ovale roux-jaunâtre. L'espace interalaire est de cette couleur. L'abdomen est renflé à sa base et très-comprimé dans le reste de sa longueur, jaunâtre en dessus avec la base du premier segment noire, et une tache dorsale noire sur les 7me et 8me. Les côtés, depuis le deuxième segment jusqu'au neuvième, sont noirs avec une double ligne cendrée pulvérulente en dessous. Pieds noirs; leur articulation avec le thorax jaune. Ailes hyalines; leur base. surtout celle des inférieures, avec un très-petit espace d'un jaune safrané vif; leur articulation avec le thorax olivâtre. Parastigma comme chez le mâle.

Les femelles nouvellement écloses ont le parastigma blanc en dessus comme en dessous. Je suppose que les mâles, à cet âge, ressemblent aux femelles et ont aussi le parastigma blanc, mais je n'ai pas eu occasion de m'en assurer. Dans cet état, c'est la *Libellula pallidistigma* de plusieurs auteurs anglais. J'ai pris des femelles dans tous les états intermédiaires dans la même localité, et à la même époque.

Habite l'Écosse, plusieurs parties de l'Angleterre, comme le *Dorsetshire,* depuis le mois de juin jusqu'au mois de novembre. Commune dans les Alpes suisses, à Sion, Chamouni, etc., en août. Je l'ai vue en grand nombre le 20 juillet autour des tourbières de l'Ardenne, en Belgique. Enfin Toussaint de Charpentier a décrit la femelle sous le nom de *Veronensis.* d'après un individu de l'Italie supérieure [1]. Cette espèce est répandue comme on voit dans une grande partie de l'Europe, mais dans des localités assez restreintes, que je pourrais appeler *marais fangeux des montagnes.* C'est à tort que les auteurs anglais l'ont regardée comme la *Nigra* de Vander Linden. (Voyez plus bas cette espèce.) Je suis tombé dans la même erreur dans ma première publication, et M. Burmeister, qui l'indique en Allemagne, la prend aussi pour la *Nigra.*

[1] Cette *Veronensis* n'est pas la même que celle que M. Stephens a indiquée plus tard sous ce nom, et qui semble être la même que la *L. Fonscolombii.*

N° 14. LIBELLULA NIGRA. (Vander. L.)

LIBELLULE NOIRE.

Diagnose. — Ailes hyalines. Parastigma petit, oblong, pâle. Pieds noirs, à base livide. Abdomen plus court que l'aile inférieure, très-noir. Thorax à duvet blanc (mâle).

Dimensions. — (Voyez le tableau.)

Synonymie. — Libellula nigra. Vander L., 1825.

♂. Adulte. Tout noir. Thorax à duvet blanc en dessus. Abdomen plus court que l'aile inférieure, subcylindrique, atténué au milieu. Pieds noirs. La base des cuisses d'un blanc jaunâtre livide. Ailes hyalines, entièrement incolores; la nervure de la côte pâle; toutes fort minces. Les cellules plus larges et en moins grand nombre que dans la *Scotica* et les autres espèces européennes. Parastigma d'un blanc jaunâtre livide, plus petit que dans les autres espèces et surtout que chez la *Scotica*, bien que cette dernière soit plus petite que la *Nigra*. Membranule accessoire à peine visible, cendrée. La femelle n'est pas connue. Il est probable qu'elle n'est pas toute noire.

Habite les montagnes du royaume de Naples; découverte aux environs de Terracine par Vander Linden. Il dit qu'elle se trouve aussi dans les Alpes, mais je crois que celles qu'il y a vues étaient plutôt des *Scotica* qui y sont communes. Ces deux espèces sont très-différentes de forme, mais faciles à confondre sous le rapport des couleurs.

La *Nigra* diffère en effet de la *Scotica* par sa taille plus grande, l'organisation de ses ailes, l'exiguité du parastigma, la couleur du duvet et le manque de taches jaunes sur les côtés du thorax. Ses pieds sont aussi plus longs.

2ᵐᵉ GROUPE.

Une tâche noirâtre triangulaire à la base des ailes postérieures. L'espèce qui sert de base à ce groupe ressemble à certaines *Cordulia*, par sa coloration un peu métallique; et la forme de ses taches dorsales imite celles de la *Cordulia Curtisii* et du *Gomphus unguiculatus*. Enfin elle fait le passage des Libellules à abdomen cylindrique aux Cordulies, comme la *Libellula 4-maculata* le fait des Libellules à abdomen aplati au genre *Libelle.*.

N° 15. **LIBELLULA RUBICUNDA.** (Lin.)

LIBELLULE RUBICONDE.

Diagnose. — Parastigma grand, presque carré, noirâtre. Une tache noire triangulaire à la base des ailes inférieures. Abdomen avec des taches dorsales jaunes. (rouges dans les mâles adultes). Front blanchâtre.

Dimensions. — (Voyez le tableau.)

Synonymie. — Libellula rubicunda. Lin. Gmel. Curtis (pag. 712, vol. 15, pl.   ). Steph. De Selys.
—   dubia. Vander L., 1825. De Selys.
—   pectoralis. T. de Charp., 1825. Burmeist.

♂. Adulte. Front d'un blanc un peu jaunâtre. Bord de la lèvre supérieure et l'inférieure en entier, tubercule, ocelles et derrière des yeux noirs. Yeux d'un brun jaunâtre. Thorax vert-noirâtre luisant, à duvet cendré blanchâtre, avec deux taches oblongues sur le devant. Le bouclier et les articulations des ailes d'un rouge carmin. Cinq petites taches d'un beau jaune sur chaque côté du thorax. Abdomen subcylindrique un peu triangulaire, renflé à la base, rétréci au 3e segment, velu, cendré, pulvérulent en dessous ; le dessus noir, tacheté ainsi qu'il suit : 1er segment rouge en arrière, 2e de même, mais avec deux taches latérales ; 3e rouge en avant ; 4e et 5e avec une très-petite ligne dorsale, 6e et 7e avec une tache triangulaire dorsale rouge-carmin ; 8e, 9e et 10e noirs avec les articulations légèrement jaunes. Appendices anals noirs, poilus ; les deux supérieurs de la longueur des deux derniers segments ; l'inférieur un peu plus court, large, tronqué et un peu échancré au milieu. Pieds noirs. Ailes hyalines ; les supérieures avec un point et une très-petite tache basale noirs ; les postérieures avec un point noir et une tache basale triangulaire noire assez grande, adossée à la membranule accessoire qui est petite, blanche. Parastigma carré, grand, noirâtre ; nervure de la côte noire dans sa première partie, jaune dans sa deuxième en dehors.

♀. Diffère du mâle en ce que toutes les taches sont d'un beau jaune, que les latérales du thorax sont plus grandes et que les taches dorsales des 2e, 3e, 4e, 5e, 6e et 7e segments de l'abdomen sont toutes oblongues, triangulaires et à peu près égales. Le parastigma est un peu plus allongé que dans le mâle. La base des secondes ailes est légèrement jaunâtre, et les deux appendices anals sont plus courts, écartés et penchés l'un vers l'autre.

Les mâles nouvellement éclos ont toutes les taches d'un jaune orangé au lieu d'être d'un rouge carmin. C'est un individu semblable qui a été décrit par Vander Linden.

La plupart des auteurs n'ont pas reconnu la *Libellula rubicunda* de Linné, dont la diagnose est cependant si simple et si juste. Les uns ont pris pour elle les mâles de la *Vulgata* et de la *Rœselii*, d'autres la *Conspurcata*, d'autres enfin, et cela passe la permission, une variété de l'*Æschna grandis*. Vander Linden, le premier, a cité avec doute la *Rubicunda* de Linné pour synonyme de sa *Dubia*. Mais c'est M. Stephens qui a rétabli à bon droit la nomenclature du grand naturaliste suédois.

La *Libellula rubicunda* habite, comme la *Scotica*, plusieurs contrées montagneuses de l'Europe froide et tempérée au mois de juillet et d'août. Linné l'a découverte en Suède ; Toussaint de Charpentier, qui la nomme *Pectoralis*, l'indique en Silésie; MM. Curtis et Stephens, en Écosse et en Angleterre ; Vander Linden la nomme *Dubia*, sur le seul individu pris en Belgique près d'Anvers, par M. Robyns. Enfin j'ai eu le bonheur de prendre moi-même cette jolie espèce sur une flaque d'eau marécageuse à fond vaseux rougâtre, vers le sommet de la grande Chedeck (Alpes bernoises), en allant de Gridenwald à Meringen. C'était le 15 juillet ; elle y était commune et voltigeait accouplée.

Comme la Rubiconde est la seule espèce européenne, à abdomen étroit, qui porte une tache noirâtre basale sur les ailes, il est impossible de la confondre avec aucune autre.

N° 16. LIBELLULA ALBIFRONS (Burmeister.)

LIBELLULE A FRONT BLANC.

(Voyez sa description à l'Appendice, à la fin de ce volume).

II. GENRE LIBELLE.

(*LIBELLA*. Nobis).

Synonymie. — LIBELLULA. T. de Charpentier. 1825.
Sous-genre EPITHECA. *Id.* MSS.

Caractères. — Tête comme dans le genre Libellule, mais sur la tempe, en arrière de chaque œil, on remarque un prolongement, ou second œil à facettes, séparé du grand œil par un petit sillon qui offre une dent.

Abdomen à peu près triangulaire, un peu déprimé, finissant en pointe, de la longueur de l'aile inférieure. Les appendices anals au nombre de trois chez le mâle, l'inférieur manquant chez la femelle ; les supérieurs forts, ayant presque la longueur des deux derniers segments de l'abdomen dans les deux sexes ; l'inférieur du mâle large. Les parties génitales accessoires du mâle très-proéminentes au-dessous du deuxième segment. Le bord postérieur du huitième segment de la femelle, où se trouve la vulve, prolongé en deux appendices membraneux, sessiles. Jambes allongées.

Ailes comme dans le genre *Libellula ;* mais la membranule accessoire très-grande, prolongée jusqu'à l'angle anal, qui est moins arrondi que dans le G. *Libellula.* (Voir à l'Appendice la note sur le triangle discoïdal de l'aile.)

Je me suis vu forcé de créer ce genre, après avoir adopté celui de *Cordulia* de Leach, pour classer convenablement la *Libellula bimaculata* de Toussaint de Chapentier, qui a les parties génitales et les appendices anals conformés à peu près comme ceux des *Cordulia*, tandis que le système de coloration non métallique du corps et la forme arrondie du bord interne des secondes ailes, dans les deux sexes, la rapprochent en apparence des vraies Libellules, notamment de la *Quadrimaculata*, seule espèce dont le mâle ressemble à la femelle et ne change pas selon l'âge, ce qui a lieu aussi dans la *Libella bimaculata* ; mais l'organisation de ces deux espèces est tout à fait différente. Les *Libella* offrent, comme les *Cordulia*, ce prolongement, ou second œil postérieur, qui n'existe pas chez les Libellules.

Plusieurs espèces exotiques semblent devoir entrer dans ce groupe. Celle d'Europe, par sa taille et ses ailes richement colorées, est un des plus beaux insectes de cette famille.

LIBELLA BIMACULATA. (T. DE CHARP.) [1].

LIBELLE A DEUX TACHES.

Diagnose. — Abdomen testacé. Ailes jaunâtres, safranées le long de la côte. Une grande tache noire arquée à la base des postérieures. Membranule accessoire très-grande, presque blanche.

Dimensions. — (Voyez le tableau.)

Synonymie. — LIBELLULA BIMACULATA. T. de Charp., 1825.
LIBELLA BIMACULATA. De Selys, 1839.

♂. Front jaunâtre ainsi que la lèvre inférieure. Une bande noire devant le tubercule des ocelles. Yeux bruns? Thorax velu, testacé, avec deux stries noires, courtes, épaisses, presque contiguës en avant, et trois obliques de chaque côté, réunies l'une à l'autre inférieurement. Abdomen cylindrique, un peu triangulaire et déprimé, renflé à la base, d'un roussâtre clair ou testacé. Le 1ᵉʳ segment sans taches, le 2ᵉ avec

[1] Je préviens, une fois pour toutes, que je cite toujours l'auteur qui a introduit le nom spécifique, sans faire attention s'il plaçait l'espèce dans un autre genre. C'est le seul moyen de ne pas rendre le nombre des nouveaux genres encore plus grand ; ce qui arriverait s'il suffisait d'en créer pour mettre des *nobis* au nom de chacune des espèces qui les composent. Ainsi je dis : *Libella bimaculata* Charpentier, *Lindenia tetraphylla* Vander Linden, etc., au lieu de dire *Libella bimaculata (nobis)*, *Lindenia tetraphylla (nobis)*, etc. On voit que cette observation est faite dans un but d'équité, et toute désintéressée de ma part. En recourant à la synonymie on trouvera la nomenclature exacte. Je n'ai pu adopter le nom manuscrit d'*Epitheca* (Charp.), l'ouvrage de Burmeister où l'on en parle, ne m'étant parvenu qu'après la gravure de mes planches.

une petite ligne transverse courte en arrière, les 3e, 4e, 5e, 6e, 7e et 8e avec une bande dorsale irrégulière noire, les 9e et 10e noirs. Les deux appendices anals supérieurs plus longs que le dernier segment de l'abdomen, noirs, triangulairs, ciliés intérieurement, rapprochés à leur base, élargis au milieu en dedans, divergents en dehors à leur extrémité, qui est tronquée ; l'inférieur une fois plus court, large, échancré au milieu, de manière à former deux pointes latérales. Les quatre pieds antérieurs noirâtres avec la base externe des cuisses jaune. Les deux postérieurs tout noirs. Ailes transparentes, teintées de jaunâtre ; cette couleur beaucoup plus sensible vers la côte où elle leur donne une nuance dorée ou fauve. Parastigma petit, noir. Une grande tache triangulaire, arquée en dehors, d'un noir mêlé de ferrugineux, adossée à la membranule accessoire des secondes ailes, mais ne touchant pas la base de l'aile. La membranule très-grande, blanche antérieurement, cendré-foncé ensuite. Elle occupe tout le bord anal qui est coupé presque en ligne droite. Les parties sexuelles accessoires très-proéminentes, dans le genre de celles du *Gomphus forcipatus*.

♀. Elle ressemble au mâle, mais elle n'a que deux appendices anals supérieurs subcylindriques et convergents ; au bord postérieur du huitième segment de l'abdomen en dessous, vers la vulve, elle a deux petites écailles ou appendices longs, sessiles, réunis à leur base.

Habite la Silésie, où l'a découverte Toussaint de Charpentier. M. Robyns en possède un individu mâle, qu'il a pris aux environs de Bruxelles : c'est celui-là que j'ai étudié. J'ai décrit la femelle d'après M. Toussaint de Charpentier. La *Libellula bimaculata* de M. Stephens ne s'y rapporte pas : c'est une variété de la *Libellula conspurcata*. On distinguera au premier coup d'œil la vraie *Bimaculata* de la *Quadrimaculata* et de la *Conspurcata*, en ce qu'elle n'a pas de virgule noire au milieu de la côte comme la première, ni de ligne noire à la base des ailes supérieures comme la seconde. Quant à la *Rubicunda*, il suffit de lire les diagnoses et de comparer la couleur de la lèvre inférieure pour voir les différences.

III. GENRE CORDULIE.

(*CORDULIA*. Leach.)

Synonymie. — Chlorosoma. T. de Charp. MSS. , 1839.
        Cordulia. Leach. Curtis. Stephens. De Selys.
        Libellula. Lin. Fabr. Latr. Vander L. Fonscol.
        De Selys.
        Æschna. T. de Charpentier.
        Epophthalmia. Burmeist.

Caractères. — Tête comme dans le genre Libellule, mais sur la tempe, en arrière de chaque œil, on remarque un prolongement ou second œil, lisse , contigu au précédent.

Abdomen subcylindrique, plus rarement un peu déprimé , un peu plus long que l'aile inférieure. Appendices anals au nombre de trois chez le mâle ; l'inférieur manquant chez la femelle ; les supérieurs plus longs que le dernier segment de l'abdomen , de forme variable, forts, souvent anguleux, écartés à leur base ; l'inférieur du mâle large à sa base, souvent fourchu , et paraissant double. Les parties génitales accessoires du mâle très-proéminentes , et un vestige d'oreillette ou de tubercule latéral sur chaque côté du deuxième segment. Souvent des prolongements ou appendices membraneux à l'extrémité du huitième segment de la femelle , près de la vulve. Jambes médiocres.

Ailes comme dans le genre *Libellula* , mais le bord anal des inférieures subitement anguleux dans le mâle, arrondi dans la femelle. La membranule accessoire assez grande , allongée.

Les Cordulies ont été placées parmi les Libellules jusqu'à Toussaint de Charpentier, qui les réunit aux Æschnes d'après la forme des appendices anals , celle de l'abdomen et la coupe anguleuse des ailes inférieures du mâle. Mais ce rapprochement n'était pas naturel, car si elles ont la lèvre inférieure et le tubercule des ocelles comme les Libellules, ce ne sont pas pour cela de vraies Libellules; mais ce sont encore moins des Æschnes. Elles doivent former un groupe intermédiaire qui, par le facies général et par l'organisation de l'abdomen, est plus voisin des Gomphus que des Æschnes proprement dites, si ce n'est par la longueur des appendices anals des femelles. Le système de coloration est tout à fait métallique; le plus souvent vert-doré avec quelques taches jaunes; il est à peu près le même dans les deux sexes et ne varie pas selon l'âge. On ne retrouve cette belle coloration que chez les Agriones des genres Lestes et Calepteryx. Le vol est rapide et saccadé, comme celui des Gomphus, dans la *C. œnea;* élevé et soutenu, comme celui de certaines Æschnes, dans les *C. metallica* et *flavomaculata.* Les meilleurs caractères spécifiques sont tirés ici de la forme des appendices anals des mâles, et de celle des prolongements ou appendices de la vulve chez la femelle, combinés avec la coloration du front et la répartition des taches jaunes sur l'abdomen.

Nº 1. CORDULIA FLAVOMACULATA. (Vander L.)

CORDULIE TACHETÉE DE JAUNE.

Diagnose. — Vert-bronzé. Une tache devant chaque œil et la base de la lèvre supérieure jaunes. La plupart des segments de l'abdomen avec des taches marginales jaunes.

Dimensions. — (Voyez le tableau.)

Synonymie. — Libellula flavomaculata. Vander L., 1825.
    Epophthalmia flavomaculata. Burmeister.
    Cordulia flavomaculata. De Selys, 1839.

♂. Devant de la tête vert-bronzé. Une tache latérale devant chaque

œil, une autre à la base de la lèvre supérieure, et toute la lèvre inférieure
jaunes. Yeux verts, d'un marron vif en dessus. Thorax vert-bonzé avec
deux taches obliques de chaque côté et une autre sur la poitrine, jaunes.
Abdomen subcylindrique, légèrement épaissi à la base et à l'extrémité,
vert-bronzé. Les côtés, le dessous, et le bord postérieur du premier segment jaunes. Le bord postérieur et les côtés du deuxième segment jaunes;
le bord postérieur en dessous renflé comme dans la *C. alpestris*. Le troisième avec une grande tache jaune basale de chaque côté, le quatrième
sans taches, les 5°, 6°, 7° et 8° avec une petite tache marginale jaune à
leur base de chaque côté, les 9° et 10° sans taches. Appendices anals
supérieurs presque contigus à leur base, subcylindriques, point si-
nués ni dentés sur leurs côtés, de la longueur des deux derniers segments de l'abdomen; leur pointe extrême aiguë et retournée en haut;
l'inférieur une fois plus court, subtriangulaire, à pointe tronquée. Pieds
noirs; les deux cuisses antérieures à peine jaunes à leur base. Ailes
hyalines, légèrement safranées à leur base près de la membranule, qui est
noirâtre, à base blanchâtre. La nervure de la côte noire extérieurement.
Parastigma noir.

♀. La tête et le thorax comme le mâle. Quelques taches jaunes dorsales sur l'espace interalaire. Abdomen d'un vert noirâtre bronzé, déprimé
dans toute sa longueur, renflé au deuxième segment qui, en dessous, n'est
pas prolongé. 3°, 4°, 5°, 6°, 7° 8° et 9° avec une tache triangulaire
marginale et basale jaune de chaque côté, plus grande aux segments
antérieurs; le dixième sans taches. Les deux appendices anals droits,
cylindriques, pointus, légèrement velus, plus longs que les deux derniers segments. L'extrémité du huitième prolongée en dessous en pla-
que bifide. Tout le dessous de l'abdomen plat et jaune. Ailes fortement
jaunâtres, safranées à la base et le long de la côte. Membranule accessoire d'un gris clair, blanche à la base. Parastigma noir.

Le mâle a été décrit sur un individu pris par M. Robyns
près d'Anvers, le même qui a servi à Vander Linden pour
l'établissement de l'espèce; la femelle sur un exemplaire
unique jusqu'ici, que j'ai capturé le 1er juin 1839 dans
une prairie humide à Longchamps-sur-Geer (province
de Liége). La femelle, par ses ailes d'un jaune doré et
son corps brillant, est un des plus beaux insectes de ce

genre ; par la forme déprimée de son abdomen, elle semble se rapprocher de la *Libella bimaculata*. Le mâle ressemble beaucoup (en faisant abstraction des taches marginales jaunes) à ceux de la *Metallica* et surtout de l'*Alpestris*, mais la forme toute différente des appendices anals suffit pour l'en distinguer de suite : elles sont en effet plus simples que dans les quatre espèces congénères. La *Flavomaculata* est aussi la seule espèce qui ait des taches jaunes sur les côtés du thorax. M. Burmeister l'indique aux environs de Halle et de Berlin.

N° 2. CORDULIA METALLICA. (Vander L. Charp.)

CORDULIE MÉTALLIQUE.

Diagnose. — Vert-bronzé. Une bande transverse sur le devant de la tête et base de la lèvre supérieure jaunes.

Dimensions. — (Voyez le tableau.)

Synonymie. — Libellula metallica. Vander L. T. de Charp. De Selys.
       Cordulia metallica. Steph. Curtis.
       Epophtholmia metallica. Burmeist.

♂. Devant de la tête vert-bronzé avec une bande arquée jaune sur le front, aboutissant devant chaque œil. La base de la lèvre supérieure et l'inférieure en entier jaunes (le tubercule des ocelles plus élevé que dans la *C. œnea*, cunéiforme). Yeux verts, roussâtres en dessus. Thorax vert-bronzé à duvet roux. Espace interalaire tacheté de jaune. Abdomen vert-bronzé, cylindrique, un peu renflé à la base, rétréci au troisième segment, un peu élargi ensuite, puis finissant en pointe. Le bord postérieur du deuxième segment, un point et une strie latérale jaunes, ainsi qu'une tache latérale à la base du troisième (le bord postérieur du deuxième segment fortement prolongé derrière les parties génitales). Le dessous de l'abdomen jaunâtre à la base, brun ensuite. Appendices anals, velus, d'un noir bronzé ; les deux supérieurs cylindriques minces, un peu contournés, de la longueur des deux derniers segments de l'abdomen, munis d'une dent en pointe à leur base du côté extérieur, puis réfléchis en dedans à leur sommet, dont l'extrême pointe est retournée en haut ; l'inférieur court, plus épais, triangulaire. Pieds noirs : les deux cuisses antérieures jaune à leur base en dehors. Ailes hyalines. Parastigma jannâtre. Membranule accessoire cendré-foncé, blanchâtre à la base. La base des ailes inférieures, près de la membranule, safranée.

Observation. — Les ailes sont décrites d'après des individus de Lombardie. Dans un autre, pris en Belgique, elles sont très-légèrement lavées de jaunâtre et ne sont pas safranées près de la membranule accessoire des secondes ailes.

♀. Ressemble au mâle, mais le bord postérieur et les côtés des 1er et 2e segments de l'abdomen sont jaunes ainsi qu'un point latéral. Les autres sans taches. Le bord postérieur du huitième segment prolongé en dessous en un double appendice très-long, droit, pointu, un peu concave, dont les deux branches sont contiguës. Les deux appendices anals simples, cylindriques, pointus, plus longs que les deux derniers segments. La base et souvent tout l'abdomen en dessous sont jaunâtres. Ailes hyalines incolores. Membranule accessoire cendré-blanchâtre.

Observation. — Les ailes sont décrites d'après un individu pris en Lombardie.

La *C. metallica* habite probablement toute l'Europe tempérée, mais elle n'est commune nulle part ; je l'ai prise en Lombardie au mois de juin et en Belgique au 20 juillet. Toussaint de Charpentier l'indique en Silésie et aux environs de Berlin.

La *Metallica* se distingue de suite de toutes ses congénères à la bande jaune qui traverse le front. Les individus de Belgique ont souvent les ailes très-lavées de jaunâtre.

N° 5. CORDULIA ALPESTRIS. (Nobis.)

CORDULIE ALPESTRE.

Diagnose. — Vert-bronzé. Une tache devant chaque œil et la base de la lèvre supérieure jaunes.

Dimensions. — (Voyez le tableau.)

Synonymie. — Cordulia alpestris. De Selys, 1839.

♂. Diffère de celui de la *Metallica* :

1° En ce qu'il est plus petit ;

2° Le front n'a pas de bande transverse jaune, mais simplément déux taches devant les yeux comme la *Flavomaculata* ;

3° Les pieds sont tout noirs ;

4° L'abdomen, qui est d'un vert bronzé plus foncé et moins cuivré, n'a que le bord postérieur du deuxième segment jaune, et le prolongement de ce bord, qui renferme les organes génitaux accessoires, est beaucoup moins proéminent et se trouve séparé en deux tubercules latéraux au lieu d'être réuni en arrière ;

5° Les appendices anals supérieurs sont plus distinctement brisés en trois parties ; la dernière étant munie en dehors d'une dent pointue comme celle de la base, et fléchie davantage en dedans ; l'inférieur est proportionnellement plus large et plus court que chez la *Metallica* ;

6° Le parastigma est brun-noirâtre ; il n'y a que peu de jaunâtre près de la *membranule accessoire*.

♀. Elle a la tête, les pieds et l'abdomen comme le mâle, sauf une tache jaune aux côtés du deuxième segment. Les bords postérieurs du huitième semblent prolongés en dessous en une simple écaille concave, en gouttière et courte (et non en appendice long comme la *Metallica*). Ailes lavées uniformément de jaunâtre sale. Parastigma brun. Membranule accessoire cendrée.

J'ai pris trois individus de cette nouvelle espèce le 15 juillet, dans l'Oberland bernois, à la même localité que j'ai indiquée à l'article de la *Libellula rubicunda*. Elle y semblait assez commune et volait accouplée.

Par le facies et la couleur du front, elle est absolument intermédiaire entre la *Metallica* et l'*Ænea*. Quand même on supposerait que les petites différences qui existent entre les appendices anals de la *Metallica* et de l'*Alpestris* ne sont dues qu'à des variétés locales ou individuelles, l'organisation différente des organes génitaux dans les deux sexes et la coloration du front, qui n'est nullement variable dans ce genre, prouveront suffisamment, je pense, que c'est à bon droit que j'ai établi cette espèce.

N° 4. CORDULIA ÆNEA. (L.)

CORDULIE BRONZÉE.

Diagnose. — Vert-bronzé. La base de la lèvre supérieure jaunâtre.

Dimensions. — (Voyez le tableau.)

Synonymie. — LIBELLULA ÆNEA. Lin. Fabr. Latr. Vander L. Charp. De Selys.
CORDULIA ÆNEA. Curtis. Steph.
L'AMINTHE. Geoffr.

♂. Devant de la tête vert-bronzé. La base de la lèvre supérieure jaunâtre ; l'inférieure en entier jaune. Yeux verts. Thorax vert-bronzé, à duvet
roussâtre. Abdomen renflé à la base, rétréci au troisième segment, très-
élargi à son extrémité, vert-bronzé foncé. Le bord postérieur du deuxième
segment blanchâtre. Ses côtés tachetés de roussâtre ; la base et quelquefois tout l'abdomen jaunâtres en dessous. Les côtés du troisième segment
blanchâtres. Appendices anals bronzés, velus, une fois plus longs que
le dernier segment ; les deux supérieurs subcylindriques, un peu
plus étroits à la base, à pointe arrondie et tournée en dehors ; l'inférieur profondément bifurqué (presque jusqu'à la base) et paraissant
double, les deux branches presque aussi longues que les supérieurs,
un peu divergentes, et munies chacune à son sommet d'une dent aiguë
de manière que la pointe elle-même semble bifide. Pieds noirs. Ailes hyalines avec un petit espace basal safrané. Parastigma noir. Membranule
accessoire noirâtre, blanchâtre à la base. Le bord postérieur du deuxième
segment en dessous, derrière les organes génitaux, est prolongé à peu
près comme dans la *C. metallica.*

♀. Ne diffère pas du mâle si ce n'est que le bord postérieur du deuxième
segment de l'abdomen est jaune, et que l'abdomen est moins élargi à son
extrémité. Les deux appendices anals égalent presque la longueur des
deux derniers segments de l'abdomen, et sont simples, cylindriques, velus.
Le dessous de l'abdomen est plus ou moins jaunâtre, et il y a deux valvules
prolongées au dessous du huitième segment. Les ailes sont souvent lavées
de jaunâtre sale. La membranule accessoire est blanchâtre, cendrée à son
extrémité.

Elle paraît habiter toute l'Europe froide et tempérée.
On l'a observée en Suède, en Angleterre, en Allemagne,

'aux environs de Paris et en Belgique. Elle n'est commune nulle part et voltige sur les étangs avec une grande rapidité. Comme dans la *Metallica*, les femelles sont beaucoup plus rares que les mâles. En Belgique elle paraît depuis le 20 de mai jusqu'à la fin de juin.

Elle se distingue bien des trois précédentes à son front sans taches, et de la *C. Curtisii* à la couleur de l'abdomen.

N° 5. CORDULIA CURTISII. (DALE.)

CORDULIE DE CURTIS.

Diagnose. — Vert-bronzé. La base de la lèvre supérieure jaunâtre. Tous les segments de l'abdomen avec une tache dorsale jaune, simple ou double.

Dimensions. — (Voyez le tableau.)

Synonymie. — CORDULIA CURTISII. Dale (*Loudon's magazin*, vol. 7, pag. 60, 1834.
— — Curtis, 1836, planche.
— COMPRESSA. Stephens.
LIBELLULA NITENS. B. de Fonscol., 1837, planche.

♂. Devant de la tête vert-bronzé. La base de la lèvre supérieure jaunâtre ; l'inférieure en entier jaune. Yeux verdâtres, d'un marron pourpré en dessus. Derrière de la tête noir. Collier avec deux taches jaunes. Thorax vert-bronzé, à duvet jaunâtre. Espace interalaire jaunâtre, tacheté de noir. Abdomen comprimé, vert-bronzé obscur, excepté à la base qui est pourprée ou bronzée. Le bord postérieur et les côtés du deuxième segment jaunes. Les 3°, 4°, 5° et 6° avec deux taches dorsales jaunes placées longitudinalement à la suite l'une de l'autre ; la première ovale, allongée, assez grande ; la deuxième plus petite, terminée postérieurement en pointe ; les 7° et 8° avec un seul point, et les 9° et 10° presque tout jaunes en dessus. Les côtés des segments vert-bronzé sans taches. Pieds noirs, leur base légèrement jaunâtre. Appendices anals supérieurs velus, plus longs que le dernier segment de l'abdomen, subcylindriques, à pointe arrondie un peu tournée en dehors ; l'inférieur jaune, un peu plus court, carré-long, concave, relevé en haut, à bords renflés, échancré à son extrémité de manière à former deux pointes ; une autre pointe plus petite au milieu même de l'échancrure. L'extrémité du dernier segment a une forme aiguë très-singulière. Ailes hyalines légèrement jaunâtres, avec un petit espace basal safrané. Parastigma d'un brun foncé. Membranule accessoire blanchâtre, petite; le bord de la côte jaune.

♀. Elle ne diffère pas du mâle, si ce n'est que l'abdomen est très-comprimé, à peine plus épais à la base, et que les ailes sont très-lavées de jaunâtre et largement safranées à la base et le long de la côte. Elles sont colorées à peu près comme celles de la *Flavomaculata* femelle.

M. Boyer de Fonscolombe a décrit et figuré la femelle, sous le nom de *Libellula nitens*, sur un individu qu'il avait pris en Provence, le 10 juin; mais elle était déjà connue en Angleterre, où je l'ai vue dans les collections de MM. Stephens et Curtis. Ils l'y ont observée depuis la fin de juin jusqu'au 16 juillet, notamment dans le Dorsetshire. Elle y est très-rare. M. Stephens, qui l'a découverte il y a plus de vingt ans, l'a nommée *Compressa*, mais j'ai dû adopter le nom sous lequel elle a été d'abord publiée.

Le savant entomologiste et habile dessinateur, M. John Curtis, à qui M. Dale a dédié cette espèce, a eu l'obligeance de m'adresser trois dessins des appendices anals du mâle de cette espèce. C'est à lui que je dois de pouvoir les figurer, et de compléter ainsi les dessins des cinq espèces européennes du genre *Cordulia*. J'éprouve un vrai plaisir à lui en témoigner ma reconnaissance.

Les taches dorsales jaunes séparent, au premier coup d'œil, cette espèce de toutes les autres. Par la couleur de ses ailes, elle rappelle la femelle de la *Flavomaculata*, mais sous d'autres rapports elle semble se rapprocher plus des *Gomphus*, et notamment de l'*Un-

guicutatus. Elle ressemble aussi un peu à la *Libellula rubicunda*, abstraction faite des ailes.

On peut classer les cinq espèces de *Cordulia* en plusieurs séries également satisfaisantes ; peut-être la suivante est-elle préférable à celle que j'ai adoptée :

Section A. — Appendice anal inférieur du mâle triangulaire ; les supérieurs à pointe aiguë contournée : Les *Cordulia metallica*, *alpestris* et *flavomaculata*.

Section B. — Appendice anal inférieur du mâle fourchu ou tronqué ; les supérieurs cylindriques, à pointe mousse : Les *Cordulia ænea* et *Curtisii*.

Chacune de ces sections se subdiviserait encore en deux, si les espèces n'étaient déjà si peu nombreuses.

Division 2me. — *ÆSCHNOÏDES*. (Nobis.)

(*Le* Genre *Æschne de Fabr. Latr. Vander L. B. de Fonscol.*)

Caractères. — Point de tubercule élevé, mais une simple carène devant les yeux et portant les ocelles [1]; celles-ci de position variable ainsi que les yeux. Lobe intermédiaire de la lèvre inférieure plus grand que les deux latéraux, qui sont écartés et armés d'une dent très-forte ainsi que d'un appendice en forme d'épine mobile.

Cette division comprend les genres européens : *Gomphus* (Leach), *Lindenia* (De Haan), *Cordulegaster* (Leach) *Æschna* (Fabr.) et *Anax* (Leach).

Dans les trois premiers, les yeux sont plus ou moins écartés, la tête un peu transverse, l'appendice anal inférieur des mâles souvent fourchu, et paraissant double ; les supérieurs en crochets, et les deux supérieurs des femelles très-courts, cylindriques.

Dans les deux derniers, c'est-à-dire dans les Æschnes et les Anax, les yeux sont bien contigus, la tête hémisphérique, les appendices anals des mâles lancéolés, simples, non compliqués, et les supérieurs de la femelle aussi longs que ceux du mâle et lancéolés.

Voici le tableau systématique des espèces contenues dans ces genres.

---

[1] Les *Lindenia* forment exception.

TABLEAU SYSTÉMATIQUE DES GENRES ÆSCHNOÏDES.

GENRES.	SECTIONS.	GROUPES.			ESPÈCES.
LINDENIE......	. . . . .	Une vésicule renflée devant les yeux......	Abdomen de la femelle renflé à la base. Parastigma allongé. Membranule assez grande..	Abdomen jaune, tacheté de noir. Les trois derniers segments noirs en dessus. Pieds noirs. Cuisses en partie pâles.....	1. TETRAPHYLLA.
GOMPHUS......	. . . . .	App. an. du mâle très-grands en tenailles. Les deux branch. de l'inf. contigués dans toute leur long.....	Abdomen du mâle très-élargi à son extrémité, cylindrique chez la femelle......	Abdomen à taches dorsales jaunes, lancéolées. Cuisses noires, à moitié jaunes.	1. UNGUICULATUS.
		Appendices anals des mâles petits, divergents. Les deux branches de l'inférieur très-écartées dans toute leur longueur......	. . . . .	Abdomen à ligne dorsale jaune sur toute sa longueur. Cuisses en partie jaunes. Tarses postérieurs et bord de la côte jaunes.....	2. PULCHELLUS.
				Abdomen à ligne dorsale jaune sur toute sa longueur. Cuisses en partie jaunes. Tarses postérieurs noirs. Bord de la côte jaune....	3. SIMILLIMUS.
				Abdomen à ligne dorsale jaune sur toute sa longueur. Cuisses en partie jaunes. Tarses postérieurs jaunes. Bord de la côte noir....	4. FLAVIPES.
				Abdomen à ligne dorsale jaune sur les sept premiers segments seulement. Pieds tout noirs ainsi que la côte......	5. FORCIPATUS.
				Abdomen à taches dorsales jaunes lancéolées. Cuisses postérieures jaunes...	6. SERPENTINUS.
				Abdomen à ligne dorsale jaune sur toute sa longueur. Cuisses postérieures jaunes.	7. SELYSII.
CORDULEGASTER .	. . . . .	. . . . .	Abdomen cylindrique. Parastigma allongé.....	Abdomen noir, annelé de jaune.....	1. ANNULATUS.
ÆSCHNE......	Une tache noire en forme de T sur le vertex. Abdomen très-tacheté.....	Yeux se touchant par un espace très-petit......	Membranule très-petite. Appendices anals contournés.	Parastigma très-allongé, presque linéaire.	1. VERNALIS.
		Yeux très-contigus......	Membranule allongée assez grande. Appendices anals sup. des mâles droits, lancéolés.....	Côtés du thorax bruns avec deux bandes jaunes.....	2. MIXTA.
				Côtés du thorax jaunes avec des lignes noires.....	3. AFFINIS.
			Membranule courte, petite. Appendices anals supérieurs des mâles contournés...	Parastigma allongé, roussâtre......	4. JUNCEA.
				Parastigma court, presque carré, noirâtre....	5. MACULATISSIMA.
	Point de tache noire en T sur le vertex. Abdomen peu tacheté.	Bord anal des secondes ailes du mâle très-anguleux...	Membranule courte, petite..	Corps brun et verdâtre. Ailes à peu près incolores.....	6. IRENE.
				Corps roux. Ailes et nervures rousses..	7. GRANDIS.
		Bord anal des secondes ailes du mâle presqu'arrondi...	Membranule grande, noirâtre, allongée.....	Corps roussâtre. Ailes plus ou moins roussâtres.....	8. RUFESCENS.
ANAX........	. . . . .	Appendices anals supérieurs du mâle avec une ligne élevée, ciliée; tronqués à leur extrémité.....	L'appendice inférieur presque carré.....	Thorax vert, sans taches........	1. FORMOSA.
			L'appendice inférieur très-court, presque arrondi..	Thorax tacheté.....,...	2. PARTHENOPE.
		Appendices anals supérieurs du mâle presque glabres, pointus.....	L'appendice inférieur triangulaire, pointu.....	Thorax tacheté.....	3. MEDITERRANEA.

IV. GENRE LINDÉNIE.

LINDENIA. (De Haan.)

Synonymie. — Petalura. De Selys. Guérin (note.)
Æschna. Fabr. Latr.
Lindenia. De Haan. Vander Hoeven.
Diastatomma. Burmeister, *A. a.*

Caractères. — La pièce intermédiaire ou principale de la lèvre inférieure arrondie, médiocre, plus petite que les latérales, qui sont émarginées et terminées par un appendice à une seule épine. Une vésicule assez élevée devant les yeux. Les trois ocelles formant en avant un triangle très-allongé. Tête hémisphérique. Les yeux globuleux, assez éloignés l'un de l'autre en-dessus. L'espace entre les yeux prolongé en petit triangle en arrière et non en lame saillante.

Abdomen subcylindrique notablement plus long que l'aile inférieure. Les côtés des quatre derniers segments plus ou moins dilatés. Appendices anals au nombre de trois chez les mâles. Les deux des femelles, petits, simples. Les parties génitales accessoires du mâle proéminentes au-dessous du deuxième segment, qui porte de chaque côté un tubercule en forme d'oreillette saillante. Les septième et huitième segments de la femelle prolongés en appendices membraneux.

Ailes horizontales dans le repos. Le bord anal des secondes ailes anguleux dans le mâle, arrondi dans la femelle. Membranule accessoire très-distincte (au moins chez la *Tetraphylla*). Parastigma très-allongé.

Le nom de *Lindenia* a été proposé par M. De Haan et publié par M. Vander Hoeven pour désigner les Æschnes dont les yeux sont éloignés l'un de l'autre, et dont le triangle discoïdal des ailes est différent de celui des autres

Æschnes. Ce nom de *Lindenia*, créé en l'honneur de Vander Linden, est d'autant mieux choisi que Vander Linden a été le premier à sectionner les Æschnes d'après la position des yeux. Mais cette section devant former plusieurs genres distincts, je propose de restreindre celui des Lindénies à l'*Æ. tetraphylla* et à quelques espèces de Java, de l'Inde et de l'Égypte, qui semblent avoir les mêmes caractères. Le mâle de celle d'Europe n'est pas connu, mais celui d'une espèce exotique offre des appendices supérieurs droits, presque cylindriques, et un appendice inférieur divisé depuis la base en deux branches cylindriques divergentes. La *Tetraphylla* est intermédiaire entre les *Gomphus* et les *Cordulia*, auxquelles elle ressemble par ses yeux globuleux (mais séparés), par l'existence de la membranule accessoire et surtout par la présence d'une vésicule derrière les ocelles. Par ce dernier caractère elle forme une anomalie parmi les genres Æschnoïdes. Les yeux sont moins éloignés l'un de l'autre que chez les *Gomphus*, plus que chez les *Cordulegaster*, dont l'*Æ. annulata* forme le type [1].

Les *Lindenia* ont une certaine ressemblance avec le *G. Petalura* de la Nouvelle-Hollande, mais s'en distinguent de suite à la forme de la lèvre inférieure, dont la pièce intermédiaire est pointue, bifide chez les *Petalura*, qui forment le passage des *Gomphus* aux *Cordulegaster* : Quant au *G. Diastatomma* de MM. De Charpentier et Burmeister, on pourra le restreindre à l'*Æschna clavata* et aux espèces exotiques voisines.

[1] La considération des nervures et du triangle discoïdal des *Lindenia* rapproche beaucoup ce genre des *Æschnes* et devrait le faire placer entre les *Cordulegaster* et les *Æschnes*. (Voyez la note sur cet objet à la fin de ce volume.)

LINDENIA TETRAPHYLLA. (Vander L.)

LINDÉNIE TÉTRAPHYLLE.

Diagnose. — Thorax jaune avec quatre raies noires courbées, formant deux anneaux sur le devant. Abdomen jaune tacheté de noir, les trois derniers segments noirs en dessus. Pieds noirs. Les cuisses en partie pâles. Membranule accessoire grande, brune. Appendices anals bruns (femelle).

Dimensions. — (Voyez le tableau.)

Synonymie. — ÆSCHNA TETRAPHYLLA. (Vander L.), 1825.

Descript. de l'Égypte, NÉVROPT., pl. 1, fig. 15? 1,2 *(femelle)*.

Le mâle n'est pas encore connu.

♀. Devant de la tête jaune, sans lignes noires. Yeux gris? la vésicule renflée des ocelles jaune, entourée d'un espace noir qui s'étend devant les yeux. Thorax d'un jaune pâle, avec quatre raies étroites noires en-dessus, courbées de manière à former deux ovales fermés ; trois autres raies noires confluentes sur chaque côté; espace interalaire jaune, tacheté de noir. Abdomen renflé à la base et à l'extrémité. 1er segment jaune, brun à la base ; 2me jaune avec deux raies longitudinales brunes ; 3me, 4me, 5me, 6me avec une tache noire bifide en arrière, ayant son ouverture du côté antérieur; 7me jaune, noir en arrière, ayant la partie postérieure du bord latéral prolongée de chaque côté en un appendice oblong, membraneux, roux ; 8me noir, jaune sur ses côtés, prolongé de part et d'autre en un appendice membraneux presque semi-circulaire, recouvert en partie par l'appendice du segment précédent ; 9me noir, à bords latéraux jaunes ; 10me noir. Les deux appendices anals de la longueur du dernier segment, minces, bruns. Pieds noirs. La base et tout le dessous des cuisses d'un jaune pâle. Ailes hyalines. Bord de la côte jaune. Membranule accessoire assez grande, brune. Parastigma très-allongé, d'un jaune roussâtre.

Habite les environs de Naples. Découverte par Van-der Linden, qui en prit un seul individu femelle sur les bords du lac Averne. Cette espèce, qui est sans doute entièrement méridionale, a un facies tout à fait exotique. Son système de coloration est le même que celui de la *Petalura gigantea* de l'Océanie. La longueur du parastigma,

combinée avec l'écartement des yeux, et la présence
de la membranule accessoire, ne permettent pas de la
confondre avec aucune autre Libelluline d'Europe. —
Cette espèce se trouve aussi dans le nord de l'Afrique,
si c'est la même que celle figurée (sans dénomination)
dans l'ouvrage sur l'Égypte; cette figure, à la vérité non
coloriée, me semble représenter la *Tetraphylla;* mais c'est
par erreur que M. Burmeister la cite comme un mâle.

V. GENRE GOMPHUS.

GOMPHUS. (Leach.)

Synonymie. — Gomphus. Leach. Curtis. Stephens.
    Libellula. Lin.
    Æschna. Fabr. Latr. Charp. Vander L. Fonscol.
    Petalura. De Selys. Vander L. (*nota*) Guérin.
    Lindenia. De Haan. Vander Hoeven, 1828.
    Diastatomma. T. de Charpentier. MSS. Burmeis-
        ter, 1839.

Caractères. — La pièce intermédiaire ou principale de la lèvre
inférieure médiocre, presque plate, en demi-cercle à son extrémité
supérieure; les deux latérales terminées en appendice très-aigu, à
une seule épine. Point de tubercule élevé devant les yeux. Les trois
ocelles très-distinctes, placées en série transverse presque droite.
Tête large, transversale. Les yeux notablement éloignés l'un de l'autre
en dessus. L'occiput formant une lame comprimée dont les poils imi-
tent une petite crête entre les yeux.

Abdomen subcylindrique, notablement plus long que l'aile inférieure. Les côtés des quatre derniers segments plus ou moins dilatés
en expansion membraneuse, chez les mâles surtout. Appendices anals
au nombre de trois chez les mâles, à peu près d'égale longueur, les
deux supérieurs cylindriques, plus ou moins en forme de tenailles;

l'inférieur fourchu et paraissant souvent double. Deux appendices supérieurs courts, cylindriques, simples, chez la femelle : l'inférieur manquant [1]. Les parties génitales du mâle très-proéminentes au-dessous du deuxième segment, qui porte de chaque côté un tubercule plus ou moins arrondi. Point de lame cornée au huitième segment de la femelle en-dessous.

Ailes horizontales dans le repos ; le bord anal des inférieures très-anguleux dans le mâle, arrondi dans la femelle. Membranule accessoire excessivement petite, souvent presqu'invisible.

Vander Linden avait proposé de réformer le genre *Petalura* de Leach, séparé des Æschnes, en lui donnant pour caractères : les yeux éloignés l'un de l'autre, l'abdomen ayant son extrémité dilatée latéralement en expansion membraneuse et souvent munie d'appendices surnuméraires ; le second segment de l'abdomen du mâle offrant de chaque côté un petit tubercule, et le bord interne de ses ailes subitement anguleux. Mais il semble ne pas avoir remarqué que les deux derniers caractères n'étaient pas particuliers à cette section, et qu'ils existent dans presque tous les mâles de ses Æschnes proprement dites. En un mot les *Petalura* comprenaient toutes les Æschnes qui ont les yeux éloignés l'un de l'autre. Ces espèces ont par là une certaine analogie avec les Agriones (notamment celles du genre *Lestes*), ainsi que par la forme fourchue de l'appendice inférieur du mâle, dont les deux branches ont souvent l'air de deux appendices distincts ; mais tout le reste de l'organisation les en éloigne totalement. Leur véritable place est entre les *Cordulia* et les *Cordulegaster*. Les

---

[1] La *Serpentina* formerait exception selon Charpentier, qui lui assigne quatre appendices dans les deux sexes ; mais je suis persuadé qu'il y a erreur.

Gomphus ont beaucoup de rapports avec le premier de ces genres. Ils n'en diffèrent guère que par la tête et les appendices. Les Gomphus sont aux Æschnes ce que les Cordulies sont aux Libellules.

Le genre Gomphus a été séparé des Pétalures parce que les ocelles sont en série droite transverse, et non en triangle, et que les bords des 7mo et 8me segments de l'abdomen ne sont pas prolongés en appendices membraneux, mais simplement un peu dilatés. Le parastigma est aussi plus court, et la membranule accessoire plus petite que chez les *Lindenies*. La vulve est recouverte d'une simple écaille comme dans les Libellules.

Les Gomphus ont un vol rapide, saccadé. Ils s'élèvent et s'abaissent successivement dans l'air à la manière des hochequeues ou des pics. Ce sont les plus carnassières de toutes les Libellulines. Ils prennent au vol et dévorent tous les insectes, même des Coléoptères d'assez forte taille. La coloration de toutes les espèces européennes est à peu près la même : des dessins jaunes sur un fond noir. Les mâles et les femelles ne diffèrent guère sous ce rapport ni selon l'âge, et la couleur jaune est plus solide que chez les Æschnes, car elle persiste en partie après la dessiccation de l'insecte. Cette ressemblance de la plupart des espèces les a fait confondre par beaucoup d'auteurs. Linné, Fabricius, Latreille et Vander Linden n'en décrivent que deux; Toussaint de Charpentier quatre.

Nous en signalerons sept. Je me suis efforcé de rendre mes descriptions comparatives et intelligibles ; mais je ne puis encore espérer d'avoir atteint le but désiré que si l'on veut bien prêter l'attention la plus grande

aùx caractères spécifiques, que je placerai particulièrement dans la couleur des pieds, dans celle de la nervure
extérieure de la côte, dans les lignes noires du front, et
dans la présence ou l'absence des taches dorsales jaunes
sur les trois derniers segments de l'abdomen en dessus.
La forme des appendices des mâles est aussi un caractère diagnostique précieux et péremptoire. Ces appendices sont très-robustes. Dans les femelles au contraire,
ils sont beaucoup plus petits que chez les Æschnes.

Nota. — Pour éviter toute erreur, je préviens que je compte seulement pour lignes
noires du devant de la tête celles qui se trouvent soit à la base de la lèvre supérieure, soit sur la partie du front qui est perpendiculaire à la lèvre supérieure. A la
description des femelles je crois inutile de répéter que le bord anal des secondes ailes
est arrondi, puisque c'est un caractère générique et même propre à toutes les Libellulidées.

1er GROUPE.

Les deux branches de l'appendice inférieur anal du mâle très-rappro-
chées. Les trois appendices en forme de crochets aussi longs que les
deux derniers segments de l'abdomen.

N° 1. GOMPHUS UNGUICULATUS. (Vander L.)

GOMPHUS ONGUICULÉ.

Diagnose. — Thorax jaune avec six raies noires courbées en dessus. Abdomen
noir (très-atténué au milieu chez le mâle, cylindrique chez la femelle), avec des
taches dorsales lancéolées jaunes. Pieds noirs, la moitié des cuisses jaune. Les trois
appendices anals du mâle en crochets, de la longueur des deux derniers segments
de l'abdomen.

Dimensions. (Voyez le tableau.)

Synonymie. — Æschna unguiculata. Vander L., 1820. B. de Fonscol.
             — hamata. T. de Charp., 1825.
       Diastatomma hamata. — Burmeister, 1839.
       Libellula forcipata. Lin. (*Syst. nat.*, édit. 12.)
            — viridicincta. De Geer.

♂. Devant de la tête jaune avec trois lignes noires, transverses, distinctes. Une petite élévation jaune derrière les ocelles, qui sont bordées de noir en avant. Yeux grisâtres. Lèvre inférieure jaunâtre. Thorax jaune avec six raies courbées sur le devant (les deux médianes contiguës plus ou moins réunies avec l'intermédiaire) et une ligne et deux taches sur les côtés, noires. Espace interalaire tacheté de jaune. Abdomen noir, très-étroit depuis le 5me jusqu'au 6me segment, très-dilaté à son extrémité, qui est concave en dessous. Le 1er segment jaune en arrière ; le 2me avec une tache dorsale à trois lobes ; tous les autres, jusqu'au 7me ou 8me, avec une tache basale dorsale à deux lobes en forme de fer de lance, jaune ; les 8me, 9me et 10me sans tache dorsale, mais avec le bord antérieur, le 10me avec le bord postérieur jaunes. Des taches latérales sur tous les segments et les tubercules du 2me jaunes. Appendices anals supérieurs de la longueur des deux derniers segments de l'abdomen, colorés de brun et de jaunâtre, très-forts, en forme de crochets à pointe bifide retournée en dedans ; l'inférieur de même longueur, relevé en haut, fourchu dans presque toute sa longueur et muni à la base de deux épines relevées en haut ; les deux branches contiguës. Pieds noirs. La base et le côté externe de la moitié des cuisses jaunes. Ailes hyalines. La nervure de la côte jaune en dehors. Parastigma noir. Le bord interne des ailes postérieures très-anguleux. Membranule accessoire presque nulle.

♀. Diffère du mâle en ce que l'abdomen est cylindrique, les taches dorsales plus grandes et interrompues plus subitement sur les 8me et 9me segments. Les deux appendices supérieurs à peine de la longueur du 10me segment, simples, pointus, droits, jaunes.

Habite toute l'Europe. Observée en Suède par Linné, en Italie par Vander Linden (voyez l'observation plus bas), en Silésie par Toussaint de Charpentier ; se trouve dans tous les pays intermédiaires et aussi en Angleterre. Elle paraît depuis le 15 juin jusqu'à la fin de juillet. En Belgique, j'ai remarqué qu'elle est beaucoup plus commune dans les parties boisées et montagneuses. Elle se pose ordinairement au milieu des chemins. Cette espèce fut confondue par Linné, avec sa *Forcipata* dans la 12me édition du *Systema naturæ,* mais ce n'est pas une raison

6

pour lui attribuer le nom de *Forcipata*, qui, dans les ouvrages précédents de Linné, appartenait déjà à l'espèce
que nous décrivons sous ce nom : les trois énormes appendices anals en forme d'ongles recourbés du mâle,
empêchent de la confondre avec aucune autre espèce.
Quant à la femelle, elle diffère de celles de la *Forcipata*,
de la *Pulchella*, de la *Flavipes* et de la *Selysii* par la couleur de ses pieds et de l'abdomen, de celle de la *Serpentina* par son abdomen plus court, non élargi à son
extrémité, la couleur du front, des appendices, etc.

Observation. — La description du *G. unguiculatus* est faite d'après des individus de Belgique. Un exemplaire mâle envoyé d'Algérie par M. Bové, présente les
différences suivantes :

1° Il est plus petit ;

2° *Le devant de la tête* n'offre qu'une seule ligne transverse noire sur le front, et
à peine visible ; plus, deux points très-petits entre le front et la lèvre supérieure.
Le bord postérieur de la tête, derrière les yeux, a une tache jaune très-grande ;

3° Toutes les raies noires du dessus et des côtés du thorax sont beaucoup plus
étroites. Les deux médianes forment avec l'intermédiaire deux ovales fermés (cette
dernière disposition arrive, quoique rarement, chez les individus du Nord). Enfin, la
poitrine est jaune, presque sans taches ;

4° La tache dorsale du huitième segment est aussi grande que les autres ,
les 9ᵐᵉ et 10ᵐᵉ sont presqu'entièrement d'un jaune roussâtre, ainsi que les appendices anals, qui ne sont nullement colorés de brun : les pointes de l'inférieur ont
l'air plus rejetées en arrière comme par une articulation brisée.

Cet individu se rapporte à la descripiton de l'*Æ. unguiculata* de Vander Linden
et aux exemplaires de sa collection, et les individus de Belgique sont l'*Æ. hamata*
de Charpentier. C'est probablement une variété locale propre à l'Afrique et à l'Europe
méridionale. Les formes sont si semblables à celles des individus de l'Europe septentrionale et tempérée, que je n'ai osé en faire deux espèces. J'aurai soin cependant
d'éclaircir le doute que je conserve à cet égard par des comparaisons multipliées :
si par hasard c'étaient deux espèces distinctes, il faudrait rétablir leur synonymie et
compléter leur diagnose ainsi qu'il suit :

Nᵒ 1. GOMPHUS HAMATUS.

GOMPHUS A HAMEÇON.

Æschna hamata. T. de Charp., 1825.

Libellula Forcipata. Lin. Éd. 12.
Gomphus forcipatus. Anglorum.
Libellula viridicincta. De Geer.
Petalura unguiculata. De Selys. *Catalog.*

Devant de la tête à trois lignes transverses noires très-distinctes. Les raies noires du thorax larges. Appendices anals du mâle roussâtres, mélangés de noirâtre. — Taille plus grande. (Les 8ᵉ, 9ᵉ et 10ᵉ segments sans taches dorsales jaunes, surtout chez la femelle.)

Habite l'Europe froide et tempérée.

Nº 1*bis.* GOMPHUS UNGUICULATUS.

GOMPHUS ONGUICULÉ.

Æschna unguiculata. (Vander L.) 1820.

Devant de la tête avec une seule ligne noire transverse à peine distincte. Les raies noires du thorax étroites, celles des côtés presque nulles. Appendices anals du mâle jaunâtres et sans nuance brune. — Taille plus petite. (Les 8ᵉ, 9ᵉ et 10ᵉ segments à taches dorsales jaunes dans les deux sexes.)

Habite le midi de l'Europe et le nord de l'Afrique.

2ᵐᵒ GROUPE.

Les deux branches de l'appendice anal inférieur du mâle très-écartées simulant deux appendices. Les deux appendices supérieurs aussi divergents, de la longueur du dernier segment de l'abdomen.

Nº 2. GOMPHUS PULCHELLUS. (STEPHENS.)

GOMPHUS GENTIL.

Diagnose. — Thorax jaune, avec six raies noires *étroites* en dessus. Abdomen allongé noir, avec une ligne dorsale jaune *prolongée jusqu'à l'extrémité.* Pieds jaunes *rayés de noir*, les tarses des postérieurs *jaunes en dehors.* Appendices anals supérieurs du mâle noirs, l'inférieur *double, jaune, noir à la pointe*, de la longueur du dernier segment. Parastigma *long de 1 lig.* ¼.

Dimensions. — (Voyez le tableau.)

Synonymie. — GOMPHUS PULCHELLUS. Stephens (*collection*). De Selys, 1839.
    — FLAVIPES. Steph. Curtis. (*Exclusis synonymis.*)
   PETALURA FLAVIPES. De Selys, 1837.

♂. Devant de la tête jaune, avec une seule ligne transverse noire très-

· étroite. Ocelles et devant des yeux noirs. Les yeux grisâtres. Lèvre inférieure jaune. Thorax jaune avec six raies noires un peu courbées, étroites sur le devant : les deux médianes contiguës; deux autres lignes obliques noires sur les côtés du thorax. Espace interalaire jaune, tacheté de noir. Abdomen noir, étroit, cylindrique, étranglé au troisième segment, peu ou point dilaté à son extrémité. Le premier segment jaune avec une raie transverse noire interrompue au milieu ; le deuxième avec une tache dorsale jaune à trois lobes ; tous les autres segments avec une ligne dorsale jaune plus large que chez la *Forcipata* et prolongée jusqu'à l'extrémité de l'abdomen. La ligne du huitième segment un peu plus large ; les côtés de tous et les tubercules du deuxième jaunes. Appendices anals de la longueur du dernier segment ; les supérieurs noirs, cylindriques, divergents, pointus, l'extrémité tronquée en dehors, et le côté extérieur muni d'un petit sillon enfoncé, dont l'extrémité forme une seconde petite pointe à peine visible. L'appendice inférieur fourchu à branches latérales jaunes, à pointe noire, encore plus divergentes que les appendices supérieurs. Pieds jaunes, bordés en dedans par une ligne noire qui est triple sur les cuisses. Les tarses des postérieurs jaunes en dehors. Ailes hyalines légèrement jaunâtres. La nervure de la côte jaune en dehors. Parastigma roussâtre, long de 1 $\frac{1}{2}$ lig. Bord interne des secondes ailes très-anguleux. Membranule accessoire presque nulle.

♀. Diffère du mâle en ce que l'abdomen n'est pas rétréci au deuxième segment, que la raie dorsale est plus large. Les appendices anals à peine de la longueur de la moitié du dernier segment, simples, pointus, droits, noirâtres.

Cette espèce a été jusqu'ici peu observée, ayant sans doute été confondue avec ses congénères. M. Stephens, qui en a recueilli des individus aux environs de Douvres, sur les côtes méridionales de l'Angleterre, la nomma dans sa collection *Gomphus pulchellus,* mais ne la décrivit pas. Plus tard il la considéra comme la *Flavipes* de T. de Charpentier et renonça au nom de *Pulchellus* que je lui restitue, puisque ce n'est pas le *Flavipes*. En 1837, je l'ai publiée comme nouvelle sous le nom de *Flavipes,* ignorant qu'une autre espèce le portait déjà.

Elle se trouve en Belgique au mois de juin. Elle est
peu commune, et voltige très-rapidement sur les prairies. Elle se pose souvent dans les sentiers. Elle habite
aussi toute la France, l'Allemagne et le nord de l'Afrique.

Cette espèce diffère du *G. flavipes* par la nervure extérieure de la côte qui est jaune (au lieu d'être noire), par
son abdomen qui n'est pas dilaté à son extrémité. Se distingue des *G. Selysii*, *Forcipatus* et *Unguiculatus*, à la
couleur des pieds, du *Serpentinus* à la forme et à la couleur des appendices anals, etc. (Voyez plus bas les différences avec le *Simillimus*.)

N° 5. GOMPHUS SIMILLIMUS. (Nobis.)

GOMPHUS TRÈS-SEMBLABLE.

Diagnose. — Thorax jaune avec six raies noires courbées en dessus. Abdomen
dilaté à son extrémité, noir avec une ligne dorsale jaune *prolongée jusqu'd,'l'extrémité*. Pieds jaunes, *rayés de noir*. Tous les *tarses noirs*. Appendices anals supérieurs du mâle noirs; l'inférieur double, presque jaune, de la longueur du dernier
segment. Parastigma court, *long de 1 ligne $\frac{1}{4}$*.

Dimensions. — (Voyez le tableau.)

Synonymie. — ÆSCHNA FORCIPATA. B. de Fonscol. (*Exclusis synonymis*.)

Cette espèce est tellement semblable au *G. Pulchellus*
qu'il faut un œil exercé pour les distinguer. Voici les
seules différences que j'aie trouvées sur les individus
mâles :

1° Les tarses postérieurs sont *tout noirs* comme les
antérieurs. (Ils sont jaunes en dehors dans le *G. pulchellus*.)

2° Le parastigma est *plus court*, brun, presque noirâtre , et la coupe du bord anal des secondes ailes est un peu différente.

3º L'extrémité de l'abdomen vers les 7ᵐᵉ , 8ᵐᵉ et 9ᵐᵉ segments *est dilatée sur les côtés* , et il y a un petit cercle jaune à la base de chacun : enfin , vers ces segments, la ligne jaune dorsale est très-étroite , excepté vers le neuvième où elle forme une tache ovale , assez large. (Dans le *Pulchellus,* l'abdomen n'est pas élargi , mais cylindrique , et la raie dorsale est à peu près égale partout.)

4º Les deux branches de l'appendice anal inférieur ne sont pas plus écartées que les appendices supérieurs, leur pointe est à peine noirâtre et les supérieurs sont cylindriques , terminés subitement en une petite pointe aiguë bien visible à la loupe. (Dans le *Pulchellus* l'appendice inférieur a ses deux branches terminées de noir , plus divergentes que les appendices supérieurs, qui sont terminés en pointe arrondie, et dont les côtés portent un sillon enfoncé bien visible à la loupe.)

La femelle , d'après M. de Fonscolombe , est analogue au mâle.

C'est entièrement à M. Boyer de Fonscolombe que je dois la découverte de cette espèce , puisque je n'ai pu constater les différences minutieuses qui la séparent du *G. pulchellus* qu'après avoir pu lui comparer chez moi l'individu mâle qu'il a eu l'obligeance de m'envoyer.

M. de Fonscolombe m'écrit que tous les individus qu'il a pris , ont les tarses noirs , et le caractère tiré de la forme des appendices supérieurs suffit pour prouver à l'évidence la différence spécifique. On peut s'en convaincre en examinant les dessins que j'en donne.

Par cette forme et la dilatation des derniers segments

de l'abdomen , le *G. simillimus* ressemble étonnamment au *G. flavipes*. Mais ce dernier à les tarses postérieurs jaunes en dehors, l'appendice inférieur en partie noir, le bord de la côte noir, le parastigma allongé et la coloration du thorax et du front très-différente.

Le *Gomphus simillimus* se trouve aux environs d'Aix en Provence, dans les endroits les plus secs et éloignés des eaux. D'après M. de Fonscolombe il est peu commun.

Après avoir écrit cet article, j'en ai reconnu un individu en tout semblable dans la collection de M. Robyns, qui l'a pris dans la forêt de St-Germain , près de Paris , ce qui prouve qu'il est répandu dans toute la France. Il vole à la même époque que le *G. pulchellus*.

N° 4. GOMPHUS FLAVIPES (T. DE CHARPENTIER.)

GOMPHUS A PIEDS JAUNES.

Diagnose. — Thorax jaune avec six raies noires, courbées en dessus, les 4 intermédiaires *confluentes*. Abdomen noir, dilaté *à son extrémité*, avec une ligne dorsale jaune , prolongée jusqu'à l'extrémité. Pieds noirs. Les cuisses *jaunes* en dehors , *ainsi que les tarses* des pieds postérieurs. Appendices anals supérieurs du mâle noirs : l'inférieur double , jaune à la base, de la longueur du dernier segment. Parastigma allongé.

Dimensions. — (Voyez le tableau.)

Synonymie. ÆSCHNA FLAVIPES. T. de Charp., 1825. (Mais point la *Flavipes* de Steph. De Selys. Curtis.)
   — FORCIPATA. β. Vander L. (*Variété, mâle.*)
DIASTATOMMA FORCIPATA. Burmeister, 1839.

♂. Cette espèce ressemble tellement au *Forcipatus* par la forme, et aux *Pulchellus* et *Simillimus* pour la couleur , que je crois préférable de me borner à signaler les différences qui la séparent du *Forcipatus*.

1° Le devant de la tête est tout jaune, sauf une ligne noire transverse très-épaisse sur le front.

2° Les raies noires du devant du thorax sont plus épaisses, courbées à peu près comme chez l'*Unguiculatus*, les deux médianes contiguës et confluentes avec les deux voisines, de manière à renfermer entièrement, de chaque côté du thorax un espace jaune oval, et la troisième ou l'humérale est à égale distance de la médiane.

3° L'abdomen est plus allongé et moins dilaté que chez le *G. forcipatus* et la ligne jaune dorsale existe jusqu'au dixième ou du moins jusqu'au neuvième segment.

4° Les pieds sont noirs avec l'extérieur des cuisses de tous, et les jambes et les tarses des postérieurs jaunes.

5° L'appendice anal inférieur est jaune à la base, et ses deux branches ne sont pas plus écartées que les deux appendices supérieurs. Ceux-ci sont cylindriques, et finissent graduellement en pointe aiguë, tandis que chez le *Forcipatus* tous ces caractères sont différents.

6° Le parastigma est plus allongé et le bord anal des secondes ailes est moins anguleux.

♀. Elle diffère de celle du *Forcipatus* par les mêmes caractères que le mâle.

Le *G. flavipes* diffère des *G. pulchellus* et *simillimus* par la ligne noire, large, du front, par le bord de la côte en dehors, la couleur des quatre tibias antérieurs, etc., etc.

Habite la Silésie, l'Italie et la Provence en juillet. Elle est rare. Vander Linden l'a d'abord décrite en 1820 comme le mâle du *Forcipatus*, puis comme variété constante. T. de Charpentier l'a élevée avec raison au rang d'espèce. M. John Curtis en possède un individu qu'il a pris près de Marseille. Mais M. de Fonscolombe ne l'a pas rencontrée jusqu'ici aux environs d'Aix. Le mâle décrit par Vander Linden diffère des individus ordinaires en ce que le dixième segment n'a pas de tache jaune en dessus.

Nº 5. GOMPHUS FORCIPATUS. (L.)

GOMPHUS A TENAILLES.

Diagnose. — Thorax jaune, avec six raies noires, *droites* en dessus. Abdomen noir, dilaté à son extrémité, noir avec une ligne dorsale jaune *terminée au septième segment*. Pieds *tout noirs*. Appendices anals du mâle *noirs*, l'inférieur double, de la longueur du dernier segment. Parastigma médiocre.

Dimensions. — (Voyez le tableau.)

Synonymie. — LIBELLULA FORCIPATA. L. *Fauna suec. nec syst. nat. (mas.)*
   ÆSCHNA FORCIPATA. Vander. L. Charp. Latr.
   GOMPHUS FORCIPATUS. Donov. De Selys, 1839.
   LIBELLULA VULGATISSIMA. Lin., *Syst. nat.*, éd. 12, *nec aucto-*
       rum (femina).
   GOMPHUS VULGATISSIMUS. Steph. Curt.
   LA CAROLINE. Geoffr.
   DIASTATOMMA FORCIPATA. Burmeister, 1839.

♂. Devant de la tête jaune, avec trois lignes noires transverses dilatées et mêlées l'une avec l'autre au milieu. La lèvre inférieure jaunâtre obscure. Yeux grisâtres. Espace autour des ocelles noir. Thorax jaune avec six raies noires étroites sur le devant : La seconde, et la troisième qu'on peut appeler humérale, sont extrêmement rapprochées. Une ligne courte, un point et quelques taches sur les côtés noirs. Espace interalaire jaune, tacheté de noir. Abdomen rétréci depuis le troisième jusqu'au sixième segment ; s'élargissant à son extrémité, dont les bords sont très-dilatés et le dessous concave. L'abdomen est noir, tacheté de jaune ainsi qu'il suit : une tache triangulaire sur le premier segment ; une tache dorsale à trois lobes sur le deuxième ; les 3e, 4e, 5e, 6e, 7e avec une ligne dorsale étroite ; les trois derniers sans tache dorsale, mais seulement leur articulation légèrement jaune. Les côtés de tous et les tubercules du deuxième jaunes. Appendices anals noirs, de la longueur du dernier segment ; les supérieurs cylindriques, droits, finissant subitement en pointe aiguë ; l'inférieur fourchu, à branches latérales plus écartées que les appendices supérieurs. Pieds tout noirs. On voit souvent une très-petite tache jaune sur le côté externe de la cuisse des antérieurs seulement. Ailes hyalines légèrement salies. La nervure de la côte, noire en dehors. Parastigma brun-noirâtre (long de $\frac{1}{2}$ ligne). Bord

interne des secondes ailes très-anguleux. Membranule accessoire presque
nulle.

♀. Semblable au mâle. Les deux appendices anals, qui sont à peine de la
longueur du dernier segment, simples, noirs, droits et pointus.

Les individus nouvellement éclos ont la base des ailes
lavée de jaunâtre, et le parastigma jaune-livide, transparent. Les individus très-adultes ont le parastigma noirâtre
et le jaune du thorax et de l'abdomen verdâtre.

Cette espèce semble habiter toute l'Europe; il y a cependant quelques parties du Midi où on ne la trouve pas.
Elle paraît la première, et se trouve communément sur le
bord des eaux et dans les prairies humides, vers la fin
d'avril et au mois de mai. On en trouve encore quelques
individus en juin. Ils fréquentent alors les bois et se
posent sur les arbres. Le *G. forcipatus* voltige moins rapidement que ses congénères, dont il est bien distinct par la
couleur noire des pieds, du bord de la côte, et des trois
derniers segments de l'abdomen en dessus [1].

---

[1] Les auteurs anglais adoptent pour cette espèce le nom de *Vulgatissima* de
Linné, et croient que la *Forcipata* de l'auteur suédois est l'*Unguiculatus*. Cela est
vrai de la *Forcipata* de la douzième édition du *Syst. naturæ*, mais non de la *Forcipata* des précédents ouvrages. Je n'ai donc pas choisi le nom de *Vulgatissima*
pour désigner l'espèce, d'autant plus que la description en est très-vague et a été
appliquée à plusieurs espèces différentes. Cette indication ne désignerait en tout cas
que la femelle.

N° 6. GOMPHUS SERPENTINUS. (T. DE CHARP.)

GOMPHUS SERPENTIN.

Diagnose. — Thorax jaune avec six raies noires *étroites*. Abdomen noir , *notablement rétréci au milieu* avec des *taches dorsales lancéolées* jaunes *sur tous les segments*. Pieds noirs. Les cuisses en grande partie jaunes. Appendices anals du mâle de la longueur du dernier segment ; l'inférieur noir, fourchu, les deux branches *très-peu écartées*. Les appendices supérieurs un peu *recourbés en dedans, jaunes*.

Dimensions. — Plus grandes que celles du *G. Forcipatus*. (Voyez le tableau.)

Synonymie. — ÆSCHNA SERPENTINA. T. de Charp., 1825.
      LIBELLULA VULGATISSIMA. Schæffer (*mâle*). *Icon.*, t. 190 , f. 3.
      (Selon T. de Charp.).
      Rœsel. t. 5, f. 4 (*femelle*) ?
      DIASTATOMMA SERPENTINA. Burmeister, 1839.

N'ayant pas sous les yeux l'*Æ. serpentina* de M. Toussaint de Charpentier , je suis forcé de répéter la description donnée par cet auteur, en la présentant toutefois sous un point de vue comparatif avec les précédentes. Je dois ajouter que je ne doute pas cependant de son authenticité , ayant vu moi-même des individus de cette espèce dans plusieurs collections de Francfort, recueillis près de cette ville.

♂. Devant de la tête jaune, avec une seule ligne noire, transverse, étroite et presque interrompue sur le front[1]. Ocelles et devant des yeux noirs. Yeux?... Thorax jaune avec six raies noires plus étroites que chez le *Forcipatus*. Espace interalaire jaune, tacheté de noir. Abdomen notablement rétréci au milieu, plus long que dans les cinq espèces précédentes, noir, avec une tache jaune dorsale sur tous les segments. Sur les six premiers elle a *trois lobes* (par là M. de Charpentier entend sûrement une tache lancéolée plus compliquée que chez l'*Unguiculatus*, car pour cette dernière il se sert des mots : tache à *deux lobes*). Les côtés de l'abdomen

---

[1] Selon M. Burmeister, le front est jaune sans taches. L'abdomen du mâle est très-atténué au milieu , celui de la femelle est légèrement rétréci au milieu , et le vertex offre deux tubercules.

marqués de taches jaunes, surtout vers l'extrémité. Appendices anals
supérieurs moyens, de la longueur du dernier segment, jaunes, subcylindriques, à pointe mousse, un peu recourbés en dedans; l'inférieur
plus court, noir, fourchu : les deux branches moins écartées que les appendices supérieurs, un peu recourbées en dedans. Pieds noirs. Les
cuisses en grande partie jaunes. Ailes hyalines; le bord interne des secondes ailes peu anguleux. Bord de la côte?... Parastigma?

♀. Semblable au mâle même pour la forme de l'abdomen (c'est probablement par erreur que T. de Charpentier lui attribue le même nombre
d'appendices qu'au mâle).

Habite la Silésie. M. de Charpentier, qui passe malheureusement sous silence quelques-uns des caractères les
plus importants pour la distinction de cette espèce, cite
comme synonyme du mâle la figure 3 de la planche 190
de Schæffer.

En supposant cette planche exacte, on compléterait
ainsi d'après elle une partie de la description. Les raies du
thorax courbes; les taches des six premiers segments dans
le genre de celles de l'*Unguiculatus*; celle du septième
arrondie et celles des 8me, 9me et 10me très-petites à la
base des segments. Le parastigma moyen, noirâtre. Les
pieds noirs avec l'intérieur des cuisses jaune. Il resterait
à connaître la couleur de la côte et une description plus
exacte des pieds. La fig. 4 de la planche 5 de Rœsel ressemble beaucoup à celle de Schæffer, et paraît être la femelle. Le thorax est représenté d'un jaune-verdâtre. Je
crois que Vander Linden s'est trompé en la citant pour la
Flavipes, dont les taches dorsales sont différentes, et que
T. de Charpentier est dans l'erreur en la regardant pour
l'*Unguiculatus* femelle, puisque cette dernière n'a pas
l'abdomen rétréci au milieu ni de taches sur les deux derniers segments.

Le *G. serpentinus* diffère surtout du *G. flavipes* et de l'*Unguiculatus* par la couleur du front et par le peu de largeur des raies noires du thorax, et en outre par la forme tout autre des appendices anals des mâles. Il ressemble davantage au *G. Selysii;* mais ce dernier est plus grand, n'a pas l'abdomen élargi à son extrémité, et son parastigma est plus allongé. Les taches dorsales sont aussi plus allongées et étroites, et les raies noires du thorax beaucoup plus épaisses que chez le *Serpentinus,* toujours selon la description de M. de Charpentier.

N° 7. GOMPHUS SELYSII. (Guérin.)

GOMPHUS DE SELYS.

Diagnose. — Thorax jaune avec six raies noires *étroites, assez larges* en dessus. Abdomen *allongé*, noir, un peu renflé à la base, une raie dorsale jaune, *prolongée jusqu'à l'extrémité*. Pieds postérieurs entièrement jaunes. Nervure de la côte noire. Parastigma jaune (*femelle*).

Dimensions. — (Voyez le tableau.)

Synonymie. — Petalura selysii. Guérin-Meneville, 1837. (*Magaz. zool.*, cl. ix, pl. 201, pag. 1.)

Je ne connais pas le mâle. J'ai décrit la femelle sur un individu que M. Guérin-Méneville a eu la bonté de me dédier. Cette espèce, remarquable par sa taille qui dépasse celle de ses congénères et approche de celle de la *Lindenia tetraphylla,* ressemble un peu au *Gomphus serpentinus,* mais n'ayant pas sous les yeux cette dernière espèce, dont la seule description publiée est fort incomplète, je ne saurais affirmer si les différences sont même aussi grandes qu'elles le semblent par la comparaison des figures.

♀. Devant de la tête jaune avec une ligne noire], transverse et très-étroite sur le front. Espace des ocelles noir. Derrière de la tête jaune, avec une tache noire. Yeux grisâtres. La lame occipitale entre les yeux jaune. Collier noir, tacheté de jaune. Thorax jaune avec six raies noires en dessus, à peu près aussi épaisses que chez le *G. unguiculatus*, mais les latérales droites et les deux intermédiaires non confluentes avec les latérales. Espace interalaire jaune, à peine tacheté de noir. Abdomen noir en dessus, un peu renflé à sa base, puis cylindrique; l'extrémité non élargie. Premier segment presque jaune; deuxième avec une tache dorsale à trois lobes; tous les autres avec une raie dorsale composée de taches allongées qui sont sinuées sur les six premiers segments. Côtés de l'abdomen avec des taches jaunes, surtout vers l'extrémité. Les deux appendices anals de la longueur du dernier segment, minces, cylindriques, droits, pointus, finement velus, noirs, jaunâtres en dessous. Cuisses jaunes; les quatre antérieures avec une ligne externe noire. Les jambes noires avec une ligne jaune externe. Tarses noirs; les deux postérieurs un peu jaunâtres en dehors.

Ailes hyalines, légèrement jaunâtres. La nervure de la côte noire. Parastigma allongé (ayant 2 lignes de longueur) jaunâtre.

Elle habite les environs de Paris, où elle a été prise par M. Guérin-Méneville et aussi par M. Serville. Elle y paraît très-rare. J'ai vu à Venise, au Lido, vers le 15 juin, un individu qui m'a paru appartenir à cette espèce (voy. la note à la fin du *G. serpentinus*, n° 6).

VI. GENRE CORDULEGASTER.

CORDULEGASTER. (Leach.)

Synonymie. — Cordulegaster. Leach. Curtis. Stephens.
Æschna. Latr. Vander L. Charp. Fonscol.
Thecaphora. Charp. MSS.

Caractères. — La pièce intermédiaire ou principale de la lèvre inférieure plus grande que les deux latérales ; plus haute que large,
échancrée, et formant deux pointes à son extrémité supérieure ; paraissant séparée en deux parties latérales par un sillon enfoncé. Les
deux latérales terminées en un appendice précédé de quatre à cinq
épines. Tête large, comprimée en arrière. Les yeux ne se touchant
que par un seul point qui dessine un angle aigu en avant. Ocelles
en triangle devant une petite vésicule arrondie. Le haut du front
très-élevé.

Abdomen subcylindrique, notablement plus long que l'aile inférieure. Appendices anals au nombre de trois chez les mâles ; les
deux supérieurs courts, anguleux ; l'inférieur ayant une disposition à être fourchu ; les deux supérieurs très-petits, simples chez
la femelle ; l'inférieur nul. Parties génitales accessoires du mâle très-
proéminentes sous le deuxième segment, dont les côtés offrent deux
tubercules en oreillettes saillantes. Un long appendice double, droit
et corné chez la femelle, partant du huitième segment en dessous, et
dépassant l'extrémité de l'abdomen. Ailes horizontales dans le repos ;
le bord anal des secondes ailes très-anguleux dans le mâle, arrondi
dans la femelle. Membranule accessoire très-petite. Parastigma allongé.

L'espèce d'Europe, qui a servi à l'établissemeut de ce
genre, a la même coloration que les *Gomphus,* et par ses
yeux, qui se touchent par un angle aigu seulement, elle
forme le passage des deux genres précédents aux *Æschnes*

dont on l'a séparée à juste titre. Les appendices anals sont très-petits comme chez plusieurs *Gomphus;* la femelle porte au huitième segment un double appendice ou tarière cornée qui indique, mais avec plus d'intensité, la lame du même genre que l'on voit chez les *Æschnes* [1].

N° 1. CORDULEGASTER ANNULATUS. (Latr.)

CORDULÉGASTER ANNELÉ.

Diagnose. — Tout noir; huit raies sur le thorax, et des taches en forme d'anneaux sur l'abdomen, jaunes.

Synonymie. — Cordulegaster annulatus. Leach. Steph. Curtis. De Selys.

                Libellula forcipata. Harris.

                Æschna annulata. Latr. Vander L. Fonscol.

                — lunulata. T. de Charp. Burmeister.

♂. Tête jaune, à poils noirs. Une bande transverse noire entre la lèvre supérieure et le front. Une autre tache transverse étroite sur le vertex. Triangle et tubercule des ocelles noirs. Yeux verts, brillants. Occiput et derrière des yeux d'un noir tacheté de jaune au milieu et blanchâtres sur les côtés. Collier noir tacheté de jaune. Thorax noir : deux taches oblongues cunéiformes sur le devant, et deux bandes obliques, jaunes sur chaque côté. Espace interalaire tacheté de jaune. Abdomen très-rétréci au milieu, élargi vers les 7mo et 8mo segments, noir luisant avec des taches et anneaux jaunes répartis ainsi qu'il suit : les côtés du premier segment, la base, l'extrémité du deuxième ainsi qu'une protubérance latérale; les 3mo, 4mo, 5mo, 6mo, 7me et 8mo segments avec un anneau au milieu du segment, et deux petites lignes postérieures (interrompues par l'arête dorsale noire); le 9mo noir sans taches, le 10mo avec un point jaune de chaque côté. Appendices anals supérieurs de la longueur du dernier segment de l'abdomen, comprimés presque verticalement avec une côte renflée; un peu divergents, dolabriformes, terminés

---

[1] Voyez sur les affinités de ce genre l'article du *G. Lindenia;* et l'appendix à la fin du volume.

en pointes , très-atténués à leur base , qui est munie d'une dent à son côté inférieur qui est cilié. L'appendice inférieur plus court que les supérieurs, large, presque carré, mais l'extrémité un peu plus large que la base. Pieds tout noirs. Ailes hyalines très-légèrement lavées de brunâtre. Nervures noires. La costale avec un point jaune à sa base. Parastigma oblong , noir.

♀. Ressemble au mâle pour la couleur. Le parastigma est plus grand; l'abdomen est un peu plus épais. Les deux appendices anals sont courts, droits , cylindriques , pointus, noirs; mais ce qui distingue le plus la femelle de cette espèce (caractère que M. de Charpentier n'a pas indiqué) , ce sont deux énormes appendices noirs qui partent du huitième segment de l'abdomen en dessous, et se prolongent d'une ligne et demie au delà de l'extrémité de l'abdomen ; ils sont réunis jusqu'au neuvième segment, puis simplement contigus et finissent en pointe , de manière à imiter la forme de la mandibule inférieure du bec d'une *Motacilla*. Ces appendices sont parallèles au-dessous de l'abdomen dont ils supportent les 9me et 10me segments , qui sont en quelque sorte mous; leur dessus étant d'une nature beaucoup moins écailleuse que les autres.

Habite une grande partie de l'Europe tempérée et méridionale. Se trouve ordinairement dans les bois , près des torrents des montagnes. En Belgique , en Angleterre, en Allemagne et en France , elle paraît au mois de juin et de juillet ; à Amalfi , près de Naples , je l'ai vue le **10** mai. Elle n'est très-commune nulle part.

VII. GENRE ÆSCHNE.

(*ÆSCHNA.* Fabr.)

Synonymie. — Æschna. Fabr. Latr. Charp. Vander L. Fonscol.
Steph. Curtis.
Libellula. Lin.

Caractères.—La pièce intermédiaire de la lèvre inférieure est plus
grande que les deux principales latérales, qui sont terminées par un
appendice mobile précédé d'une seule épine; plus large que haute;
renflée, arrondie, irrégulière ou tronquée à son extrémité supérieure;
séparée en deux lobes latéraux par un sillon enfoncé. Point de tubercule élevé devant les yeux. Les ocelles souvent cachées et peu distinctes, en ligne transverse. Tête globuleuse. Les yeux contigus.

Abdomen plus ou moins cylindrique, en forme de baguette, plus
long que l'aile inférieure. Appendices anals au nombre de trois chez
les mâles, l'inférieur manquant chez la femelle; les deux supérieurs
ayant deux fois au moins la longueur du dernier segment dans les
deux sexes, plus ou moins aplatis et dilatés en forme de feuille
dans leur milieu, minces à leur base et à leur pointe; l'inférieur du
mâle, plus court, plus ou moins triangulaire. Les parties génitales
accessoires du mâle peu proéminentes au-dessous du deuxième segment, dont les côtés portent chacun un petit tubercule en forme d'o-
reillette. Une lame cornée divisée en deux, au-dessous du huitième
segment de la femelle, recourbée, étroite, et n'atteignant pas l'extrémité de l'abdomen. Deux appendices surnuméraires, courts,
droits, presque filiformes, de deux articles à l'extrémité du neuvième
segment, placés sur le bout des deux valvules qui accompagnent la
lame vulvaire.

Ailes horizontales dans le repos; le bord anal des inférieures plus
ou moins anguleux dans le mâle, arrondi dans la femelle. La membranule accessoire variable de forme et de grandeur.

Les Æschnes sont remarquables par la grande taille de
presque toutes les espèces. Elles planent majestueusement

comme des oiseaux de proie dans les clairières des bois, sur les prairies, au bord des marais, et forment comme des sortes de croisière circulant presque toujours autour du même lieu, à moins qu'on ne les effraie. La défiance de plusieurs espèces est excessive ; il faut souvent des heures entières de patience, pour qu'elles se décident à se rapprocher du chasseur. Elles semblent deviner le développement que le bras peut donner au filet, et détourner leur chemin juste de la distance nécessaire pour ne pouvoir être atteintes. On remarque aussi le même instinct chez plusieurs Libellules. Les Æschnes poursuivent tous les autres insectes ; elles s'en emparent avec leurs mandibules et les dévorent après les avoir emportés entre leurs pattes.

Les Æschnes diffèrent des Libellules à abdomen cylindrique, en ce que cette portion du corps est toujours ici plus longue que l'aile inférieure, qu'il n'y a pas de tubercule élevé devant les yeux, que la pièce intermédiaire de la lèvre inférieure est plus grande que les deux latérales, et que les appendices anals sont en forme de feuilles, plus forts et plus longs dans les deux sexes, au lieu d'être cylindriques. Les mâles ont le bord des secondes ailes plus ou moins anguleux, et les femelles sont munies d'une lame cornée recourbée en haut, au-dessous du huitième segment abdominal, tous caractères que les Libellules n'offrent pas, mais dont quelques-uns existent dans les genres *Libella* et *Cordulia*. La cellule triangulaire des ailes est aussi toute différente, comme on le verra à l'Appendice de cet ouvrage.

Les mâles et les femelles ont presque tous l'abdomen marqué d'une infinité de taches de formes semblables, mais colorées différemment. Le bleu, qui n'est pas le produit d'une exsudation, comme chez les Libellules, est propre aux mâles. Il est ordinairement mêlé à des taches jaunes ou vertes. Cette dernière couleur caractérise souvent les femelles. Le rouge ne se voit pas dans ce genre. Ces couleurs brillantes étant produites par une substance intérieure, disparaissent après la mort en s'imprégnant des liquides noirâtres remplissant les viscères.

Les meilleurs caractères spécifiques sont : la longueur et la forme du parastigma et de la membranule accessoire, la couleur des côtés du thorax, la longueur des appendices anals dans les deux sexes, *leur forme chez le mâle,* ainsi que la coupe plus ou moins anguleuse de ses ailes inférieures; la forme de la tache noire qui se voit souvent devant les yeux est aussi très-importante.

1re SECTION.

Une tache noire sur le vertex représentant plus ou moins la lettre T *avec la tête en avant.* L'abdomen est toujours marqué d'une grande quantité de taches, les unes jaunes, les autres vertes (ou bleues dans les mâles).

1er GROUPE.

Les yeux ne se touchant que par un espace étroit.

N° 1. ÆSCHNA VERNALIS. (Vander L.)

ÆSCHNE PRINTANIÈRE.

Diagnose. — Parastigma très-allongé, étroit. Membranule accessoire très-petite. Abdomen velu, très-tacheté. Appendices anals supérieurs du mâle allongés, un peu contournés , triangulaires , et fléchis en dedans à leur extrémité, poilus en dedans; lancéolés chez la femelle.

Dimensions. (Voyez le tableau.)

Synonymie. — Æschna vernalis. (Vander L.), 1820. Fonscol. De Selys. Burmeister.
 — pilosa. Charp., 1825.
 — teretiuscula. Leach. Steph. Curtis.
Libellula aspis. Harris.

♂. Tête jaune; la bouche et la base de la lèvre supérieure noirâtres ; une ligne transverse au milieu du front et une autre en T sur le vertex, noires. Yeux bleus ; le tubercule qui les précède et le petit triangle occipital jaunes. Corps très-velu. Thorax brun , deux stries longitudinales en dessus et trois autres latérales obliques de chaque côté, jaunes. Espace interalaire tacheté de jaune. Abdomen cylindrique, épais à la base, diminuant peu à peu de grosseur jusqu'à l'extrémité, brun-noirâtre, tacheté de bleu , ainsi qu'il suit : un point au milieu du premier segment, les autres avec deux taches en arrière bleues; les 2mo, 3me, 4me, 5me, 6me, 7mo et 8 ont en outre deux petites lignes médianes transverses verdâtres en avant, et trois taches latérales bleues; les 9me et 10me avec deux taches latérales seulement de part et d'autre. Les appendices anals supérieurs ayant deux fois et demie la longueur du dernier segment de l'abdomen; très-minces à la base, qui forme une dent; le bord interne très-poilu, l'externe plus épais. Les appendices relevés en haut, leur extrémité qui est retournée en dedans est pointue ; celle-ci est plus large et l'on voit en dessus une ligne notablement élevée. L'appendice inférieur plus court que le dernier segment, subtriangulaire, concave des deux côtés , à pointe tronquée un peu échancrée. Pieds noirs. Ailes très-légèrement jaunâtres à la base et salies à leur extrémité. Parastigma très-long, presque linéaire, roussâtre. Membranule accessoire très-petite, blanchâtre. Le bord anal peu anguleux.

♀. Elle diffère du mâle en ce que le devant du thorax n'offre que deux petites taches jaunes au lieu de stries , et que toutes les taches de l'abdomen sont d'un jaune plus ou moins verdâtre. Les deux appendices anals lancéolés, presque droits, peu poilus. Ailes paraissant salies , toutes les nervures étant lavées de brun-jaunâtre, et la base des ailes jaunâtre.

Habite la Belgique, la France, l'Allemagne, l'Angle-

terre, l'Italie et probablement toute l'Europe, au printemps. En Provence elle éclôt dès le mois de mars. En
Belgique elle ne se voit qu'en juin et même au commencement de juillet.

Le peu de contiguité des yeux, le parastigma long et
linéaire et l'exiguité de la membranule accessoire suffisent pour la reconnaître.

MM. Robyns et le professeur Wesmael en ont recueilli
aux environs de Bruxelles des individus qui ont les ailes
en grande partie lavées de jaune safrané, de manière à
rappeler la teinte de l'*Æ. grandis*.

2me GROUPE.

Les yeux légèrement contigus.

N° 2. ÆSCHNA MIXTA. (Latr.)

ÆSCHNE MÉLANGÉE.

Diagnose. — Abdomen très-tacheté. Les côtés du thorax *bruns avec deux bandes jaunes*. Appendices anals supérieurs du mâle lancéolés, pointus, de la longueur des deux derniers segments, poilus en dedans ; ceux de la femelle plus longs. Membranule accessoire grande. Parastigma un peu allongé, brun.

Dimensions. — (Voyez le tableau.)

Synonymie. — Æschna mixta. Latr. Vander L. Curtis. Steph. De Selys. Fonscol. Burmeister.
— mixta. Charpentier (*le mâle seulement*).
— anglicana. Leach.

Var. α. — Toutes les taches de l'abdomen bleues ou
verdâtres chez le mâle, vert-jaunâtre chez la femelle.

♂. Tête jaune-verdâtre en dessus. Une tache noire épaisse sur le vertex représentant un T. Yeux bleus. Thorax *brun* ; deux petites taches en

dessus et *deux bandes* obliques *jaunes* de chaque côté. Espace interalaire tacheté de jaune. Abdomen brun , rétréci au troisième segment avec une ligne dorsale à partir de ce même segment, le bord postérieur, et un anneau antérieur sur les autres, noirs. Le premier segment avec une tache latérale jaune; le deuxième avec une tache dorsale triangulaire à sa base et une ligne transverse jaunes. Tous les autres segments avec deux taches bleues en arrière , séparées par la ligne dorsale , et deux ou trois taches d'un bleu pâle sur chaque côté; les 3ᵉ, 4ᵉ, 5ᵉ, 6ᵉ , 7ᵉ et 8ᵉ ont en outre deux petites lignes transverses médianes pâles. Appendices anals supérieurs noirâtres , ayant un peu plus de deux fois la longueur du dernier segment de l'abdomen, minces à la base (sans dents en dessous), lancéolés, à pointe aiguë ; leur bord interne bien cilié , élargi à partir du milieu ; le bord externe plus épais ; une ligne médiane longitudinale élevée en dessus. L'appendice inférieur un tiers plus court, brun, triangulaire , à pointe mousse ; concave en dessus, relevé en haut, à bords épais noirâtres [1]. Pieds noirs. Les cuisses en partie roussâtres en dehors. Ailes hyalines. Parastigma médiocre, noirâtre ou d'un brun ferrugineux. Membranule accessoire assez grande , cendrée , blanchâtre à sa base.

♀ . Elle diffère du mâle par ses yeux verdâtres, et par toutes les taches de l'abdomen , qui sont verdâtres. Le second segment offre aussi deux taches au lieu d'un espace postérieur. Appendices anals plus longs que ceux du mâle, ayant trois fois la longueur du dernier segment, régulièrement lancéolés , droits , un peu atténués à la base , légèrement ciliés intérieurement, avec une ligne longitudinale médiane élevée.

Var. β. — Pourprée.

Le mâle et la femelle sont colorés de même, et diffèrent des individus types en ce que les deux taches postérieures de chaque segment abdominal sont d'un carmin terne, ou pourprées (au lieu d'être bleues ou jaunes), et que les autres taches sont blanchâtres. Les taches et les bandes du thorax sont d'un jaune pâle.

---

[1] La figure donnée par M. Toussaint de Charpentier et sa description, diffèrent en ce que les appendices supérieurs sont plus longs d'un tiers , que leur pointe est fléchie en dehors, et qu'ils ne sont pas dilatés à partir de leur seconde moitié interne.

Habite presque toute l'Europe. Beaucoup moins commune en Belgique que l'*Æ. maculatissima ;* fréquente les bois en juin, juillet et août, selon les localités. En Provence, M. de Fonscolombe l'a observée aussi en automne. On trouve des individus intermédiaires entre la couleur des deux variétés

Diffère de la *Juncea* et de la *Maculatissima,* par la taille, la forme de la membranule, et de l'*Affinis* par les caractères indiqués à la fin de la description de cette espèce. (Voyez ci-dessous).

N° 3. ÆSCHNA AFFINIS. (Vander L.)

ÆSCHNE VOISINE.

Diagnose. — Abdomen très-tacheté. Les côtés du thorax *jaunes avec des lignes noires.* Les appendices anals supérieurs du mâle lancéolés, presque glabres, pointus, à peine de la longueur des deux derniers segments; la base munie d'une dent en dessous ; ceux de la femelle lancéolés, un peu plus courts. Membranule accessoire grande. Parastigma un peu allongé, roussâtre.

Dimensions. — (Voyez le tableau.)

Synonymie. — Æschna affinis. Vander L., 1820. Fonscol.

Var. α. — Toutes les taches de l'abdomen bleues chez le mâle, jaunes chez la femelle.

♂. Tête bleuâtre. Une tache noire sur le vertex représentant un T. Yeux bleus. Thorax brun-verdâtre en dessus avec deux petites taches jaunes. Les côtés jaunes avec trois *lignes* obliques noires, la médiane courte. Espace interalaire tacheté de bleuâtre. Abdomen noir, à taches bleues, rétréci au troisième segment; le premier segment avec une tache latérale jaune et le bord postérieur bleu. Le deuxième segment tout bleu, avec deux lignes médianes parallèles tranversales, courtes, noires, qui laissent subsister la tache allongée triangulaire dorsale bleue. Tous les autres segments avec deux taches postérieures, deux taches médianes et deux ou trois latérales bleues; ces dernières confluentes avec celles du dessus (ces taches sont toutes analogues avec celles de l'*Æschna mixta*). Appendices anals noirâtres, les supérieurs ayant un peu plus de deux fois la longueur du dernier segment de l'abdomen, minces à la base (qui est munie en dessous d'une dent ou tubercule obtus), lancéolés, pointus; la pointe très-peu divergente. Le bord interne à poils rares, courts, à peine visibles, élargi à partir du milieu. Le bord externe plus épais; une ligne médiane longitudinale élevée en dessus. L'appendice inférieur moitié plus court, triangulaire, pointu, mousse, concave en dessus, relevé en haut, à bord épais. Pieds noirs. La base des cuisses antérieures jaunâtre en dehors. Ailes hyalines. Parastigma un peu plus grand que chez l'*Æ. mixta*, ferrugineux. Membranule accessoire assez grande, cendrée, blanchâtre à la base.

♀. Elle diffère du mâle par ses yeux, qui sont verts, et par la couleur de l'abdomen. Il est olivâtre. Le premier segment a une tache postérieure jaune, le 2me une tache triangulaire oblongue dorsale jaune, coupée par une ligne transverse, et deux taches postérieures de même couleur; les 3me, 4me, 5me, 6me, 7me et 8me avec deux taches postérieures et le 10me avec une tache postérieure jaunes; tous avec deux ou trois taches latérales jaunâtres analogues à celles de l'*Æ. mixta*. Les deux appendices anals un peu plus courts que chez le mâle, ayant deux fois et demie la longueur du dernier segment. Ils sont régulièrement lancéolés, droits, un peu atténués à leur base, et très-légèrement ciliés intérieurement avec une ligne longitudinale médiane élevée. La pointe un peu plus arrondie que chez l'*Æ. mixta*. Les cuisses d'un brun jaunâtre en dehors. Les ailes sont lavées de jaunâtre au milieu.

Var. β. — Roussâtre.

Le mâle diffère beaucoup des individus types, en ce qu'il est tout à fait dépourvu de couleur bleue, qui est remplacée par du jaune et du roussâtre. Le front est jaune; les yeux gris-verdâtre; le dessus du thorax roussâtre avec deux petites taches jaunes; les taches de l'espace interalaire jaunes ainsi que les taches des 1er, 3me, 4me et 5me segments abdominaux. Celles des 2me, 6me, 7me, 8me, 9me et 10me, sont verdâtres. Le reste de l'abdomen est roussâtre avec une ligne dorsale depuis le troisième jusqu'au dernier segment, et deux autres tranverses médianes, noires, qui ébauchent avec une moindre intensité les dessins noirs de la *var.* α typique. La base et la côte des ailes sont un peu lavées de jaune, surtout chez la femelle, qui, au reste, est colorée comme le mâle.

Vander Linden, qui a découvert cette espèce, la croyait propre à l'Italie. Elle a été retrouvée en Provence par M. de Fonscolombe, puis en Angleterre, et moi-même je l'ai prise en Belgique dans les bois. Je n'y ai encore rencontré, il est vrai, que la variété roussâtre que je pourrais nommer *Æschna confinis*, si par hasard elle en était distincte, mais je ne le crois pas.

Elle vole en juin et juillet. L'*Æ. affinis* a toujours été confondue avec la *Mixta;* elle lui ressemble infiniment en effet. A part les petites différences de couleur, voici les meilleurs caractères distinctifs : 1º les côtés du thorax sont jaunes avec trois lignes noires dans l'*Affinis*, bruns avec deux larges bandes jaunes dans la *Mixta;* 2º les appendices anals du mâle ont une dent à leur base, en dessous dans l'*Affinis;* ils n'en ont pas dans la *Mixta;* 3º les deux appendices de la femelle de l'*Affinis* sont plus courts que ceux du mâle, et que les deux derniers segments ; chez la femelle de la *Mixta*, ils sont plus longs que chez le mâle et que les deux derniers segments abdominaux. En faisant attention à ces caractères, on ne confondra plus ces deux espèces, que moi-même j'ai eues sous les yeux pendant longtemps sans les distinguer.

Nº 4. ÆSCHNA JUNCEA. (Lin. Curtis.)

ÆSCHNE DES JONCS.

Diagnose. — Abdomen très-tacheté. Appendices anals supérieurs du mâle contournés, pointus, et fléchis en dedans à leur extrémité ; ceux de la femelle lancéolés. Parastigma un peu allongé, roussâtre. Membranule accessoire courte, cendrée, blanchâtre à la base.

Dimensions. — (Voyez le tableau.)

Synonymie. — LIBELLULA JUNCEA. Lin. ?
ÆSCHNA JUNCEA. Steph. Curtis.

J'ai vu cette espèce dans les collections de MM. Stephens et Curtis à Londres. Elle ressemble infiniment à l'*Æ. maculatissima* n° 5. On l'en distingue aux caractères suivants :

1° Le parastigma, qui est roussâtre dans les deux sexes, est plus allongé, ayant deux lignes de long (chez l'*Æ. maculatissima*, il est presque carré, noir dans le mâle, et n'a que 1 ligne $\frac{1}{3}$) ;

2° Les taches sont les mêmes que chez la *Maculatissima*, mais il n'y en a pas de bleues ; elles sont verdâtres ; les yeux bleus ;

3° Elle paraît au mois de juin et la *Maculatissima* en août et septembre.

J'ai cru reconnaître un quatrième caractère distinctif : c'est la forme de la tache noire en T sur le vertex. La tête du T m'a paru plate, plus linéaire et plus longue que chez la *Maculatissima*, où elle est épaisse, globuleuse et en relief. Tous les autres caractères sont les mêmes que dans l'espèce précitée.

Elle se trouve au pied des montagnes de l'Écosse. Les naturalistes de ce pays la regardent comme la *Juncea* de Linné, mais cela me semble incertain, car la description de Linné peut s'appliquer aux deux espèces. Ils lui assignent aussi pour synonyme la *Rubicunda* d'Olivier, figurée par Rœsel. C'en serait une variété dont toutes les taches, sans exception, seraient d'un rouge brillant ; mais je doute qu'un tel individu ait jamais existé. Je suis plutôt porté à croire que c'est un dessin exagéré, fait sur un individu sec devenu brun, ou sur un exemplaire jaunâtre nouvellement éclos. La figure de Rœsel, d'ailleurs, par le peu de longueur du parastigma, indiquerait plutôt une variété de la *Maculatissima* que de la *Juncea*.

N° 5. ÆSCHNA MACULATISSIMA. (Latr.)

ÆSCHNE TRÈS-TACHETÉE.

Diagnose. — Abdomen très-tacheté. Appendices anals supérieurs du mâle contournés, pointus, et fléchis en dedans à leur extrémité ; lancéolés chez la femelle. Parastigma presque carré, brun-noirâtre (*long de* $1\frac{1}{5}$ *ligne*). Membranule accessoire courte, blanchâtre, cendrée en dedans.

Dimensions. — (Voyez le tableau.)

Synonymie. —ÆSCHNA MACULATISSIMA. Latr. Vander L. Charp. Fonscol. De Selys.
      —   JUNCEA. Burmeister.
      —   VIATICA. Leach.
      —   VARIA. Shaw.
  LIBELLULA GRANDIS. Petagna. Oliv. (*Exclus. syn.*)
      —   ÆNEA Sulzer.
      —   CYANEA ? (*mas.*) Muller.

♂. Adulte. Tête jaune. La lèvre inférieure verdâtre. Une tache noire sur le vertex figurant la lettre T, avec la tête de cette lettre très-épaisse. Yeux bleus en dessus, jaunâtres en dessous et au bord postérieur. Thorax brun avec deux taches oblongues en dessus, et trois bandes obliques sur chaque côté d'un vert jaunâtre ; l'intermédiaire latérale interrompue. Espace interalaire tacheté de jaune. Abdomen renflé à la base, rétréci au troisième segment, long, demi-cylindrique noirâtre, très-tacheté de vert au milieu, et de bleu sur les côtés, ainsi qu'il suit : premier segment avec une double tache en arrière et une autre sur chaque côté vert-jaunâtre ; deuxième ayant en avant une tache dorsale triangulaire oblongue entourée de noir, qui interrompt une petite ligne transverse ; une autre tache dorsale double et une autre latérale jaune-verdâtre ; une tache bleue à la base des côtés comprenant les oreillettes qui sont petites ; 3me, 4me, 5me, 6me et 7me segments avec une ligne courte, transverse à la base, de petites taches triangulaires au milieu, et deux taches postérieures plus grandes arrondies, vert-jaunâtre. Deux taches basales bleues de chaque côté des mêmes segments ; huitième avec deux taches postérieures arrondies et deux taches latérales de chaque côté bleues ; 9me et 10me bleus en dessus, noirs à la base et sur les côtés. Appendices anals supérieurs de la longueur des deux derniers segments ; noirâtres en dessous, blanchâtres bordés de noir en dessus ; contournés, penchés en dedans, rétrécis à leur base, élargis intérieurement au milieu ; à pointe aiguë, fléchie en bas ; le bord interne légèrement cilié, l'externe plus épais. L'appendice inférieur presque moitié plus court, triangulaire, oblong, velu de tous côtés, à pointe tronquée relevée en haut. Pieds noirs. Les cuisses brunes et les deux antérieures à base pâle en dessous. Ailes hyalines, parastigma court (long de 1 ligne $\frac{1}{2}$), brun-noirâtre ; membranule accessoire petite, courte, blanchâtre, à bord postérieur légèrement noirâtre. Nervure de la côte brune, noirâtre en dehors, bord anal des secondes ailes très-anguleux.

Chez les mâles nouvellement éclos, les taches vertes du thorax et de l'abdomen sont jaunes et les bleues de l'abdomen sont vertes ; les ailes sont un peu lavées de jaune-clair ; le parastigma est jaune blanchâtre ; la membranule blanche et la nervure de la côte jaune en dehors.

♀. Diffère du mâle en ce que l'abdomen n'est pas atténué au troisième segment. Le dessus des yeux et toutes les taches du thorax et de l'abdomen sont d'un vert-jaunâtre, et le neuvième segment a sur ses côtés une tache comme les segments précédents. Appendices anals un peu plus courts que chez le mâle, noirs, plats, lancéolés, ciliés en dedans, à pointe mousse. Pieds noirs. Les cuisses brunes, leur base blanchâtre.

Les femelles nouvellement écloses ont toutes les taches jaunes et les ailes comme les mâles dans le même état. Celles qui sont très-adultes ont au contraire du bleu-verdâtre sur les yeux et à l'extrémité de l'abdomen en dessus.

Habite presque toute l'Europe, mais semble exclue du midi de l'Italie et même des environs de Bologne. Elle est commune depuis le commencement d'août jusqu'à la fin d'octobre. On en trouve cependant quelques individus en juillet et d'autres en novembre. Elle est facile à prendre et elle voltige souvent dans les chemins, à l'ombre, jusque vers le crépuscule, ce que ne font pas les autres Æschnes.

Se distingue des autres espèces de la même section par la taille, les appendices, etc. (Voyez plus haut ses différences avec l'*Æ. juncea.*)

2me SECTION.

Point de tache noire en forme de T sur le vertex. Abdomen peu tacheté, à fond brun ou roussâtre.

1er GROUPE.

Bord anal des secondes ailes très-anguleux chez le mâle ; membranule accessoire courte.

N° 6. ÆSCHNA IRENE. (B. DE FONSCOLOMBE.)

ÆSCHNE IRÈNE.

Diagnose. — Variée de brun et de verdâtre. Abdomen renflé à sa base, ensuite très-étranglé. Ailes hyalines (leur extrémité brune chez le mâle). Membranule accessoire courte, cendrée. Parastigma brun.

Dimensions. — (Voyez le tableau.)

Synonymie. — Æschna irene. B. de Fonscolombe, 1838. Pl.

♂. Tête gris-verdâtre. Vertex d'un jaune pâle, marqué d'un point bleuâtre allongé dans le sens du corps. Yeux d'un gris verdâtre brillant; le petit triangle en arrière jaune. Thorax brun-foncé avec deux taches longitudinales en dessus et deux bandes obliques confluentes de chaque côté verdâtres. Espace interalaire cendré. Les attaches des ailes brunes, tachetées de jaune. Abdomen très-globuleux à la base, très-étranglé au troisième segment ; ensuite plus large, puis atténué à son extrémité. Les oreillettes du deuxième segment très-prononcées. Sa couleur est d'un vert grisâtre avec des marques brunes réparties ainsi qu'il suit : premier segment brun postérieurement ; deuxième de même avec une nuance dorsale brune sur le vert, et une tache transverse verdâtre sur le brun ; les côtés d'un jaune vif en avant, bruns en arrière ; ces deux couleurs séparées par une tache oblique très-noire sur l'oreillette. Les 3me, 4me, 5me, 6me et 7me segments avec une petite tache basale et la moitié postérieure brunes ; cette dernière marquée de deux points latéraux verts ou roussâtres ; huitième vert avec deux taches oblongues latérales brunes en dessus ; les 9me et 10me verts sans taches, finement bordés de noir en arrière. Appendices anals supérieurs bruns, ayant au moins deux fois la longueur du dernier segment, lancéolés, atténués à la base qui est munie en dessous d'une dent aiguë, élargis à leur extrémité ; leur bord interne très-poilu ; ils finissent en une petite pointe aiguë et sont marqués en dessus d'une ligne longitudinale élevée. Leur extrémité est relevée en haut. Appendice inférieur court, triangulaire, verdâtre, à pointe tronquée et un peu échancrée. Pieds d'un brun roussâtre. Cuisses roussâtres. Ailes hyalines, leur extrémité lavée de brun-noirâtre (à peu près comme chez la *Libellula conspurcata*). Nervure de la côte jaune en dehors, ainsi que quelques-unes des petites nervures transversales. Parastigma médiocre, brun-ferrugineux. Le bord anal des secondes ailes très-anguleux. Membranule accessoire petite, courte, d'un gris blanchâtre.

♀. Diffère du mâle en ce que le point du vertex est presque nul ; les ailes n'ont pas de petites marques brunes à leur extrémité et sont un peu salies uniformément. Yeux d'un vert moins vif, jaunes en arrière. Thorax plus gris, à bandes latérales moins prononcées. Abdomen d'un vert plus terne, pas de points verts sur le bord postérieur des segments ; les 8me, 9me et 10me semblables, bruns sur les côtés, avec une tache oblongue dorsale verdâtre et deux points médians sur le neuvième de la même couleur. Appendices anals lancéolés. Jambes d'un roux grisâtre. Cuisses cendrées.

Cette espèce remarquable a été découverte à St-Zacharie, en Provence, par M. B. de Fonscolombe. Elle y est rare et vole au milieu de juillet.

Elle est facile à distinguer des deux autres espèces de la même section, à la couleur des ailes et de l'abdomen.

N° 7. ÆSCHNA GRANDIS. (L.)

ÆSCHNE GRANDE.

Diagnose. — Roussâtre. Ailes d'un roux jaunâtre. Membranule accessoire médiocre, blanchâtre. Un point réniforme bleu près des attaches des ailes.

Dimensions. — (Voyez le tableau.)

Synonymie. — LIBELLULA GRANDIS. Lin. Gmel.

ÆSCHNA GRANDIS. Fabr. Latr. Charp. Vander L. Steph. Curtis. De Selys. Burmeister.

LIBELLULA QUADRIFACIATA. Muller.

— FLAVIPENNIS. Degeer.

♂. Tête jaune-roussâtre. Le petit tubercule devant les yeux et le triangle derrière eux jaunâtres. Une tache transverse brunâtre peu marquée sur le vertex. Yeux bleus, nuancés de brun en dessus. Thorax roux avec deux bandes obliques jaunes de chaque côté. Un point réniforme bleu élevé près des attaches de chaque aile. Abdomen roux, renflé à la base, rétréci au milieu du troisième segment : le 1er sans taches ; le 2me avec une tache basale de chaque côté, deux petites lignes transverses dorsales jaunes, et deux taches latérales bleues vers le bord postérieur ; les 3mo, 4me, 5me, 6me, 7mo et 8me avec deux taches basales latérales bleues, et deux petites lignes transverses dorsales jaunes ; les 9mo et 10mo sans taches. Les trois appendices anals roux ; les deux supérieurs un peu plus longs que les deux derniers segments de l'abdomen, presque lancéolés, émoussés à la pointe, plus minces à la base, poilus antérieurement avec une ligne longitudinale élevée en dessus ; l'inférieur une fois plus court, triangulaire, concave en dessus, relevé en haut, à bord épais. Pieds et ailes roussâtres ; les nervures d'un jaune ferrugineux. Membranule accessoire courte, blanchâtre ou cendré-clair. Parastigma roussâtre, médiocre, allongé.

♀. Elle diffère du mâle en ce que l'abdomen n'est pas rétréci au troisième segment, et que toutes les taches sont jaunes ainsi que le bord postérieur des segments ; les 8me, 9me et 10mo sans taches. Appendices anals un peu plus courts que chez le mâle.

Habite l'Europe tempérée et septentrionale. Elle ne se

trouve ni en Provence, ni en Italie et semble étrangère à tout le Midi. En Suisse, je la vis seulement au nord de Fribourg. Elle n'est pas très-commune en Belgique, voltige très-haut, puis descend rapidement sur les étangs et dans les clairières des bois. Elle se montre fort défiante, et paraît en juillet et en août.

Les ailes entièrement rousses, y compris les nervures, la distinguent suffisamment.

2me GROUPE.

Bord anal des secondes ailes peu anguleux chez le mâle. Membranule accessoire allongée.

N° 8. ÆSCHNA RUFESCENS. (Vander L.)

ÆSCHNE ROUSSÂTRE.

Diagnose. — Roussâtre. Ailes plus ou moins roussâtres, surtout la base des secondes. Membranule accessoire grande, allongée, noirâtre. Un point réniforme jaune près des attaches des ailes.

Dimensions. — (Voyez le tableau.)

Synonymie. — Æschna rufescens. Vander L., 1825. Fonscol. Curtis. Stephens.
     —   grandis. β. Vander L., 1820.
    Libellula quadrifasciata. β. Mull.
    Æschna dalei. Leach.
     —   chrysophthalmus. T. de Charp. Burmeister.

♂. Tête jaunâtre. Le petit tubercule devant les yeux et le petit triangle derrière jaunes. Une ligne transverse noire sur le vertex. Yeux d'un vert brillant en dessus, jaunâtres avec des taches brunes en dessous. Thorax d'un roux brun avec deux bandes jaunes obliques de chaque côté. Un gros point jaune près des attaches de chaque aile. Abdomen roux, renflé à la base, rétréci au troisième segment. Le premier segment sans taches. Une tache dorsale allongée, à base triangulaire jaune sur le deuxième segment ; elle est coupée par une petite ligne transverse de même couleur. 3me, 4me, 5me, 6me, et 7me segments avec une petite ligne noire transverse et deux petits points latéraux noirâtres ; 8me, 9me et 10me sans taches. Appendices anals roussâtres ; les deux supérieurs de la longueur des deux derniers segments de l'abdomen, lancéolés, à pointe un peu tournée en dehors, atténués à leur base, qui est munie d'une dent interne obtuse. Ils sont poilus en dedans avec une ligne longitudinale élevée en-dessus ; l'inférieur une fois plus court, triangulaire, concave en dessus, rélevé en haut, à bords épais. Pieds noirâtres ; les cuisses roussâtres. Ailes un peu jaunâtres ; la base des inférieures largement lavée de roussâtre ; celle des supérieures très-peu. La plupart des nervures et toutes celles des cellules noirâtres. La costale et l'arête cubitale jaunâtres. Parastigma roussâtre, assez large et allongé. Membranule accessoire grande, noirâtre. Comme elle s'étend jusque vers l'angle anal de l'aile inférieure, celui-ci est beaucoup moins anguleux que dans les autres espèces, bien que la membrane proprement dite de l'aile soit aussi échancrée (la même cause produit le même effet dans la *Libella bimaculata*).

♀. Diffère du mâle en ce que le thorax est plus brun, la tache dorsale du deuxième segment plus grande, les ailes moins jaunes, l'abdomen moins rétréci au troisième segment ; les deux appendices anals plus petits, à pointe émoussée.

Très-commune dans le midi de l'Europe, en Italie ; en Hongrie, en Provence ; rare en Belgique, en Angleterre et en Allemagne. Vole en juin. Au pied du Vésuve, je l'ai vue dès le 8 mai.

Var. α. — Les ailes lavées de roussâtre, presque aussi uniformément que dans l'*Æ. grandis*, si ce n'est que les nervures sont noirâtres. Elle a été prise aux environs de Bruxelles, par M. Robyns. C'est sans doute la même que M. de Charpentier a eue sous les yeux en Silésie, car il dit qu'il faut un œil exercé pour la distinguer de la *Grandis*, ce qui ne me semble pas nécessaire pour reconnaître les individus ordinaires de la *Rufescens*, puisque leurs ailes ne sont guère plus jaunes que celles de certains individus de la *Mixta*.

Dans tous ses états l'*Æ. rufescens* diffère de la précédente par la membranule accessoire, la couleur des
nervures et le manque de points bleus sur le thorax.

VIII. GENRE ANAX.

ANAX. (Leach.)

Synonymie. — Æschna. Vander L. Charp. Fonscol.
Anax. Leach. Curtis. Steph.
Cyrtosoma. T. de Charp. MSS. Burmeister, 1839.

Caractères. — Semblables à ceux du *G. Æschna* (*voy.* pag 98),
dont le genre *Anax* diffère seulement : 1° en ce que le bord anal des
secondes ailes est arrondi dans les deux sexes ; 2° les côtés du
deuxième segment du mâle ne portent pas de tubercules.

Les Anax, comme on le voit, diffèrent peu des Æschnes.
Les femelles sont même à peu près semblables. Les mâles
seuls sont faciles à reconnaître. Ils diffèrent des Æschnes
par la forme de leurs ailes, comme les Libellules des Cordulies. M. Burmeister, qui a examiné beaucoup d'espèces
exotiques des deux genres, indique cependant des caractères propres aux deux sexes ; caractères un peu minutieux, il est vrai, mais qui confirment la bonté de cette
coupe : chez les Anax, la partie contiguë des deux yeux
est plus longue que le diamètre du vertex et du haut du
front, et cette suture est le point le plus élevé des yeux
dont le bord postérieur n'est pas voûté de la même manière que chez les Æschnes. — Chez ceux-ci, la longueur
de la suture des deux yeux est à peine aussi grande que

le diamètre du vertex, et la suture est moins élevée que
le globe des yeux dont le bord postérieur est plus voûté
derrière la joue.

La coloration est généralement d'un bleu luisant chez
les mâles, et d'un bleu mélangé de vert et de jaunâtre
chez les femelles. Il y a toujours une strie anguleuse noire
sur l'abdomen, mais on ne remarque pas ce grand nombre de taches qui distinguent les Æschnes. Leurs belles
couleurs s'évanouissent après la mort. C'est à Vander Linden que l'on doit la distinction de la première espèce européenne connue de ce genre. Il la décrivit sous le nom
d'*Æschna formosa*, et la croyait particulière à l'Italie.
Depuis, j'ai présenté la description de deux nouvelles espèces que j'ai recueillies dans le Midi, et qui sont surtout
caractérisées par une taille différente, par la forme des
trois appendices anals des mâles, par la couleur du vertex et des deux pattes antérieures, et par la longueur du
parastigma.

Les côtes équatoriales des deux mondes fournissent
plusieurs espèces du même groupe.

Les Anax, par la longueur et par la forme de l'abdomen, par la coupe des secondes ailes, semblable dans
les deux sexes; par l'absence de tubercules latéraux au
deuxième segment du mâle, ainsi que par l'organisation
des parties sexuelles de la femelle, sont plus voisines des
Agrionines qu'aucun autre genre. C'est donc par elle que
je finirai la tribu des Libellulines [1].

---

[1] Dans un mémoire publié dans les *Bulletins de l'académie royale de Bruxelles
en 1839*, je n'avais admis cette coupe que comme un sous-genre des Æschnes,
attendu que les mâles seuls offraient des différences notables; mais un entomologiste
distingué m'ayant fait observer que l'on devait établir les genres sur l'*unité* qu'on

1er GROUPE.

Les appendices anals du mâle tronqués; les supérieurs avec une ligne
élevée ciliée.

N°. 1. ANAX FORMOSA. (Vander L.)

ANAX FORMOSE.

Diagnose. — Thorax vert sans taches. Abdomen avec une strie dorsale, anguleuse, noire. Parastigma très-allongé, roussâtre. Appendices anals du mâle un peu
en spatule, à pointe tronquée; l'inférieur carré; ceux de la femelle lancéolés.

Dimensions. — (Voyez le tableau.)

Synonymie. — Æschna formosa. Vander L., 1820. Fonscol. Steph. Curtis.
De Selys.
— azurea. Charpentier, 1825. Burmeister.
— imperator. Leach.

♂. Tête jaune. Bouche brune; une tâche transverse bleue sur le haut
du front, et une autre petite triangulaire noire devant les ocelles. Yeux
verts, à fond bleu. Thorax d'un beau verdâtre clair, sans taches, à l'exception des deux plaques latérales supérieures qui précèdent l'espace interalaire qui sont bleues et séparées par une ligne dorsale jaunâtre. Le
dessous entre les pieds roussâtre. Abdomen déprimé, long, renflé à la
base, étranglé au milieu du troisième segment. Le premier segment verdâtre avec deux taches basales brunes; la base du deuxième verdâtre, tous
les autres d'un bleu brillant en dessus, avec les bords noirs. Une tache
transversale noire sur le deuxième, et une bande dorsale anguleuse depuis
le troisième jusqu'au dernier segment. Cette bande, traversée à la base des
3me, 4me, 5me, 6me, 7me et 8me segments par une raie courte, également
noire. Appendices anals brun-noirâtre; les deux supérieurs ayant deux
fois la longueur du dernier segment, atténués à leur base, ensuite élargis,

nomme espèce, et que beaucoup de genres de Coléoptères n'étaient fondés que sur
les caractères des mâles, j'ai cru devoir modifier ma manière de voir et adopter le
genre *Anax*.

puis tronqués à leur extrémité, avec une ligne élevée longitudinale **en** dessus ; le bord interne de cette ligne cilié. L'appendice inférieur égal à peine au tiers des supérieurs , à peu près carré, recourbé en haut et à bords renflés. Pieds noirs , la base des cuisses rousse. Ailes un peu teintées de jaunâtre, surtout au milieu. Parastigma très-allongé, brun-roussâtre. Membranule accessoire blanche à la base, ensuite cendrée. Nervure costale jaune extérieurement.

♀. Elle diffère du mâle par la forme des deux appendices anals supérieurs qui sont lancéolés , sans ligne élevée, et par la couleur de l'abdomen. Le premier segment est brunâtre , le deuxième verdâtre , le troisième bleu à la base, et les autres d'un vert un peu bleuâtre , mélangé de jaunâtre. La bande dorsale noire, anguleuse, part du milieu du deuxième segment.

La *Formosa* est répandue dans une grande partie de l'Europe méridionale et tempérée, depuis l'Italie jusqu'en Belgique et en Angleterre. Dans la campagne de Rome , je l'ai prise vers le 25 mai : en Belgique , elle paraît plus tard , c'est-à-dire de la fin de juin au milieu de juillet. Elle voltige sur les étangs et ne s'éloigne pas de l'eau. Les mâles , qui sont beaucoup plus nombreux que les femelles , sont d'un éclat admirable.

M. Toussaint de Charpentier, qui a reçu cette espèce de Hongrie, l'a décrite sous le nom d'*Azurea*, d'après des individus secs, c'est pour cela qu'il indique par erreur la couleur bleue et non le vert comme étant celle du thorax. Il y a dans plusieurs collections de Paris des Anax reçues d'Afrique et des îles Canaries , qui ne m'ont pas paru différer de celle-ci.

N° 2. ANAX PARTHENOPE. (De Selys.)

ANAX PARTHÉNOPE.

Diagnose. — Thorax avec des taches transversales étroites ; une strie dorsale anguleuse noire sur l'abdomen ; parastigma un peu allongé, roussâtre. Appendices anals supérieurs du mâle un peu en spatule, à pointe tronquée ; l'inférieur large très-court ; ceux de la femelle lancéolés.

Dimensions. — (Voyez le tableau.)

Synonymie. — *Æschna* (Anax) parthenope. De Selys, *Bulletin de l'académie de Bruxelles*, 1839.

♂ . Tête jaune. Bouche brune ; une tache transverse noire, bordée de bleu en arrière, sur le haut du front, et une autre petite triangulaire noire devant les ocelles. Yeux bleus. Thorax en partie bleu et verdâtre, avec des lignes latérales noires. Le devant du thorax traversé par deux bandes étroites brunes, tout à fait parallèles au collier. Abdomen déprimé, long, renflé à sa base, étranglé au milieu du troisième segment. Le premier segment avec deux taches basales et une tache latérale brunes. Une tache transversale sur le deuxième et une bande dorsale anguleuse depuis le troisième jusqu'au dernier segment. Cette bande traversée à la base des 5me, 4me, 5me, 6me, 7me et 8me segments par une raie courte de la même couleur. Derrière la ligne transversale du deuxième anneau se trouve immédiatement un petit tubercule dorsal arrondi.

Observation. — Toutes les bandes et taches de l'abdomen sont noires sur un fond qui, autant que je m'en souviens, était généralement bleu. Je puis au moins l'assurer quant à la partie renflée des trois premiers segments, car c'est à ce caractère que je distinguai au vol cette espèce de la *Formosa*.

Appendices anals brun-noirâtre, les deux supérieurs ayant une fois et demie la longueur du dernier segment de l'abdomen, atténués à leur base, ensuite élargis, puis tronqués à leur extrémité. Une ligne élevée les traverse longitudinalement en dessus. Le bord interne de cette ligne est cilié. L'appendice inférieur égal à peine en longueur au cinquième des supérieurs ; peu visible en dessus, tronqué, plus large que long, à bords renflés. Pieds noirs ; les cuisses en partie ferrugineuses. Ailes teintées de jaunâtre sur le milieu. Parastigma moyen, brun-roussâtre. Membranule accessoire blanchâtre à la base, cendrée ensuite. La nervure de la côte jaune extérieurement.

♀. Elle diffère du mâle par la forme des appendices anals qui sont lancéolés, sans lignes élevées, et par la couleur du thorax et de l'abdomen où le bleu ne domine pas et se trouve mélangé de jaune, de verdâtre et de brun.

Observation. — L'individu que je possédais ayant été détruit par les insectes rongeurs, je ne puis donner des détails plus circonstanciés sur la femelle.

J'ai pris cette espèce nouvelle sur les rives du lac Averne, près de Naples, le 10 mai 1838. Elle y était commune et semblait à son époque d'éclosion. Je crois l'avoir revue depuis dans la campagne de Rome et même dans les marais de Ravennes, vers le commencement de juin. Le mâle diffère de celui de la *Formosa* par sa taille plus petite, par la tache noire transverse du front et par la couleur bleue des deux premiers segments de l'abdomen et d'une partie du thorax qui est. en outre, marqué en avant de deux taches transverses, et par le parastigma qui est plus court que dans la *Formosa* qui n'a pas non plus de tubercule sur le dos du deuxième segment. La femelle se distingue au premier abord de la *Formosa* par une taille plus petite, la tache du front, etc. Il sera peut-être plus difficile de la reconnaître de la femelle de la *Méditerranea*, mais cette dernière a les cuisses antérieures d'un jaune clair extérieurement et le parastigma plus allongé.

2me GROUPE.

Appendices anals du mâle pointus, presque glabres.

N° 5. ANAX MEDITERRANEA. (De Selys.)

ANAX MÉDITERRANÉENNE.

Diagnose. — Thorax à peine tacheté ; une strie dorsale anguleuse noire sur l'abdomen ; les cuisses antérieures pâles en dehors ; parastigma très-allongé , jaunâtre. Appendices anals du mâle un peu en spatule, à pointe aiguë ; l'inférieur triangulaire , pointu. Ceux de la femelle lancéolés?

Dimensions. — (Voyez le tableau.)

Synonymie. — Æschna (Anax) mediterranea. De Selys, *Bulletin de l'académie de Bruxelles* , 1839.

♂. Thorax presque sans taches (jaune-verdâtre?). Abdomen renflé à la base, étroit et cylindrique à partir du troisième segment, un peu élargi et déprimé à son extrémité, tacheté à peu près comme les A. *Parthenope et formosa* , avec cette différence qu'il n'y a aucun prolongement de la ligne dorsale noire sur le deuxième segment, et que les trois derniers ont sur chaque côté du dos une tache plus large que dans les deux autres espèces. Il n'y a pas de tubercule dorsal derrière la ligne noire transverse du deuxième segment.

Observation. — L'individu que je décris est desséché, mais, d'après ce qui subsiste des couleurs, on peut supposer que le fond de l'abdomen était en grande partie bleu.

Appendices anals ferrugineux, légèrement bordés de noir ; les deux supérieurs ayant un peu plus de deux fois la longueur du dernier segment de l'abdomen, atténués à leur base, ensuite élargis, puis amincis en pointe à leur extrémité, qui est un peu tournée en dehors. Ils sont glabres, n'ont point de ligne élevée, mais un petit tubercule pointu, saillant vers les deux tiers de leur longueur en dessus. L'appendice inférieur n'égale pas tout à fait la moitié de la longueur des supérieurs. Il est triangulaire, pointu, concave en dessus et à bords renflés. Pieds noirs, la base des cuisses rousse et celle des deux antérieures très-claire en dehors (sans doute jaune). Ailes teintées de jaunâtre , surtout au milieu des inférieures. Parastigma très-allongé , jaunâtre ; membranule accessoire blanchâtre en avant, un peu cendrée au bord interne. La nervure de la côte jaune extérieurement.

♀. Je ne l'ai pas vue. Par analogie avec ses deux congénères, on peut présumer qu'elle doit différer du mâle par une forme plus amincie dans les appendices anals, et par moins de bleu dans les taches de l'abdomen.

Se trouve sur les côtes de Provence en été. M. Barthélemy , directeur du muséum de Marseille , qui a eu

la bonté de me remettre l'individu que je décris ici,
m'a dit que cette Anax était très-commune sur les côtes
de la Méditerranée à certaines époques, et qu'elle semblait y être de passage et comme apportée par les vents
du Sud. L'individu que je possède est dépourvu de
tête, et ses couleurs sont en grande partie évanouies
par suite de la dessiccation ; mais la forme pointue de
ses appendices, qui sont en outre dépourvus de cils,
ne permet pas de la confondre avec la *Parthenope* ni encore moins avec la *Formosa*, puisqu'elle diffère aussi de
cette dernière par la taille.

Tribu 2me. — AGRIONINES.

AGRIONINA.

FAMILLE DES AGRIONIDÆ. (Mac. Leay.)

(*Le* Genre Agrion. *Fabr. Latr. Vander L. Charp. Fonscol.*)

Ailes élevées perpendiculairement ou horizontales dans le repos, sans membranule accessoire visible près du bord anal, qui se confond entièrement avec le bord postérieur. Les quatre ailes à peu près semblables.

Tête transverse. Lobe intermédiaire de la lèvre inférieure bifide, beaucoup plus large que les latéraux, qui sont terminés par un appendice mobile. Les yeux très-éloignés l'un de l'autre; les ocelles en triangle sur le vertex entre les yeux. Abdomen long, cylindrique, mince. Quatre appendices anals dont deux inférieurs chez les mâles; les inférieurs manquant chez les femelles.

Les espèces de ce groupe volent mal et sont moins fortement organisées que les Libellulines. Les femelles portent comme celles des Æschnes une double lame cornée qui sert de tarrière et se trouve à l'orifice vulvaire. Cette lame est également accompagnée de deux valvules latérales qui portent à leur extrémité un appendice mobile biarticulé.

TABLEAU SYSTÉMATIQUE

GENRES.	SECTIONS.	GROUPES.
CALEPTERYX	. . . .	. . . .
	. . . .	. . . .
LESTES	Corps vert bronzé en dessus . .	Derrière de la tête foncé . . . .
		Derrière de la tête jaune . . . .
SYMPECMA.	Corps brun en dessus.	Derrière de la tête roussâtre . . . . . .
	Les 4 jambes postérieures dilatées sur les côtés : PLATYCNEMIS	Derr. des yeux avec 2 lignes pâles. . . . .
AGRION		Derrière des yeux foncé sans taches . . . .
	Toutes les jambes semblables, non dilatées	
		Coloration des mâles bleue. Derrière des yeux avec deux taches claires. Les ailes . . . .

DES GENRES D'AGRIONINES.

		ESPÈCES.
Ailes arrondies, assez larges.	*Mâle :* corps vert-brillant. Ailes brunes ou d'un bleu-foncé. *Femelle :* ailes hyalines, roussâtres ou verdâtres, uniformes.	1. VIRGO.
Ailes atténuées, un peu pointues	*Mâle :* corps vert-brillant. Ailes hyalines avec une bande transverse noir-bleuâtre. *Femelle :* ailes hyalines vertes, uniform.	2. LUDOVICIANA.
	Mâle : corps noir d'acier ou pourpré. Ailes noir-bleuâtre avec la base hyaline. *Femelle :* ailes roussâtres, le bout des inférieures brun	3. HÆMORRHOIDALIS
Parastigma toujours unicolore	Appendices inférieurs du mâle droits, contigus	1. VIRIDIS.
	Appendices inférieurs du mâle droits, courts, écartés	2. PICTETI.
	Appendices inférieurs du mâle droits, longs, écartés ; le bord interne des supérieurs avec deux dents aiguës	3. SPONSA.
Parastigma souvent bicolore	Appendices inférieurs du mâle pointus, penchés l'un sur l'autre	4. BARBARA.
Parastigma ferrugineux .	Appendices inférieurs du mâle droits, rapprochés	1. FUSCA.
. . . .	Corps blanchâtre ou bleu-clair	1. PLATYPODA.
Corps non coloré en rouge	Espace interalaire bleu chez les adultes. Corps bronzé en dessus.	2. NAJAS.
Corps en grande partie rouge	Pieds noirs chez les adultes. Une ligne rouge latérale sur le thorax	3. SANGUINEA.
	Pieds rougeâtres à tout âge. Thorax sans lignes latérales rouges	4. RUBELLA.
Arrondies : abdomen des deux sexes en grande partie bronzé en dessus.	Le 9e segment abdominal bleu en dessus.	5. PUMILIO.
	Le 8e segment abdominal bleu en dessus. Le 2e bronzé. Nervures des ailes noires.	6. PUPILLA.
	Le 8e segment abdominal bleu en dessus. Les 1er et 2e orangés. Nervures roussâtres	7. AURANTIACA.
Oblongues : abdomen des mâles en grande partie bleu ; celui des femelles bronzé en dessus. . . .	Collier avec deux fortes échancrures. Une tâche noire en F touchant en arrière le bord postérieur du 2e segment du mâle.	8. PULCHELLA.
	Collier avec deux petits festons. Une tâche noire libre en L anguleux sur le 2e segment du mâle.	9. PUELLA.
	Collier presque droit. Une tâche noire en T arrondi touchant en arrière le bord postérieur du 2e segment du mâle . . .	10. HASTULATA.
	Collier presque droit. Une tâche noire croisée touchant les deux bouts du 3e segment du mâle	11. LINDENII.
	Les 8e et 9e segments de l'abdomen bleus ou verdâtres en avant, noirs en arrière chez le mâle	12. CÆRULESCENS.

DIVISION 1ʳᵉ. — *NORMOPTEROIDES*. (NOBIS.)

Caractères. — Ailes sessiles, c'est-à-dire offrant un espace cellulaire en dessous de la cinquième nervure longitudinale de la base.

IX. GENRE CALEPTERYX.

CALEPTERYX. (LEACH.)

Synonymie. — CALEPTERYX. Leach. Curtis. Stephens.
AGRION. (*Alis coloratis.*) Fabr. Latr. Vander L. Charp.
AGRION. (*Alis sessilibus.*) Hanseman.
LIBELLULA. L. Gm.
CALEPTERYX. T. de Charp. MSS. Burmeister, 1839.

Caractères. — Pièce intermédiaire ou principale de la lèvre inférieure beaucoup plus grande que les deux latérales ; à peu près aussi haute que large, presque triangulaire, divisée en deux lobes latéraux depuis le haut jusqu'en bas ; l'appendice mobile supérieur des deux pièces latérales non terminé en forme d'épine. Tête transverse ; les ocelles égales, disposées en triangle sur le vertex entre les yeux, qui sont très-éloignés l'un de l'autre.

Abdomen long, cylindrique ; les deux appendices supérieurs des mâles grands, semi-circulaires ; les deux inférieurs à peu près droits. Deux appendices supérieurs seulement chez la femelle, dont le huitième segment porte en dessous une grande lame cornée double reposant entre deux valvules à l'orifice de la vulve.

Ailes plus ou moins colorées, relevées perpendiculairement dans le repos ; les cellules des ailes très-nombreuses, la plupart rectangulaires ; les nervures longitudinales fléchies en bas ; les ailes sessiles, arrondies ; un espace cellulaire à la base entre la cinquième nervure longitudinale et le bord interne. Point de parastigma chez le mâle, un faux parastigma formé par une simple tache opaque et non par un écartement des cellules chez la femelle.

En plaçant les Calepteryx en tête des Agriones , je suis l'usage général plutôt que ma manière de voir particulière ; car en considérant la position élevée des ailes dans le repos , leur coloration , le grand nombre et la forme de leurs cellules , et surtout l'absence de parastigma , je serais incliné à considérer ce genre comme plus éloigné des Anax et de toutes les Libellulines que le genre *Lestes*, et par suite je le rejetterais à la fin de tous , près du genre exotique *Macrosoma*, qui manque aussi de parastigma ; mais considérant l'analogie entre la coloration du corps des Lestes et des Calepteryx ainsi que celles que présentent leurs appendices semi-circulaires , je crois devoir les laisser provisoirement où on les a classées jusqu'ici; d'autant plus que je n'ai pas une connaissance complète des différents genres exotiques qui peuvent s'intercaler dans la série des Agrionines [1].

Les Calepteryx sont de très-beaux insectes ; leur corps est d'un vert ou d'un acier encore plus métallique que celui des *Cordulia,* mais ce qui les distingue au premier coup d'œil ce sont leurs ailes, dont la membrane et les nervures sont colorées en brun, en vert-clair, ou en vert-bleuâtre et irisé plus ou moins opaque. Ces dernières couleurs sont propres aux mâles et leur

---

[1] Je saisis cette occasion de faire remarquer que la méthode que je suis n'a été rédigée que sur l'examen des espèces d'Europe, mais que d'après le travail général de M. Burmeister, il me semble qu'elle peut subsister telle que je la présente, même en y intercalant les genres et les espèces exotiques que je n'ai pas eus à ma disposition.

répartition fournit quelques caractères spécifiques, bien qu'en général la coloration des ailes soit très-variable. Il faut plutôt faire attention à leur forme et à leur largeur relative.

Les Caleptéryx ont les ailes relevées dans le repos et les cellules rectangles comme chez les Agriones, mais beaucoup plus nombreuses, de manière que les ailes ont l'air d'une gaze très-fine. Les nervures transverses étant plus rapprochées que les longitudinales, les cellules forment des carrés oblongs transversaux ; les ailes diffèrent de celles des Lestes et des Agriones, parce qu'elles sont arrondies inférieurement à partir de la base, qui offre en dessous des cinq nervures longitudinales un espace cellulaire qui rappelle ce que l'on observe chez les Libellulines, mais qui est entièrement dépourvue de membranule accessoire et même de place pour l'y insérer, tandis que les Lestes et les Agriones semblent indiquer la place où serait la membranule accessoire par l'échancrure qui forme le pétiole.

Les appendices anals sont semblables dans les trois espèces d'Europe.

Nº 1. CALEPTERYX VIRGO. (L.)

CALEPTÉRYX VIERGE.

Diagnose. — D'un bleu ou d'un vert soyeux bronzé. Le bout de l'abdomen jaunâtre en dessous (souvent d'un rouge terne chez le mâle). Ailes arrondies, assez larges, sans taches chez le mâle ou avec un faux parastigma blanc souvent nul chez la femelle.

Dimensions. — (Voyez le tableau.)

Synonymie. — AGRION VIRGO (en partie). Fabr. Latr. Vander L. Charp. Fonscol.
CALEPTERYX VIRGO. Leach. Curtis. Steph. De Selys.
LIBELLULA VIRGO. Lin. (partie).
— SPLENDENS. Harris.
CALOPTERYX VIRGO. Burmeister.

♂. En entier d'un vert soyeux chatoyant, à reflets bleus ou dorés en-dessus selon le jour. Corps noir en-dessous. Yeux d'un brun foncé.

Le dessous des trois derniers segments de l'abdomen obscur, ou jaunâtre ou saupoudré de rouge terne foncé ainsi que la base des appendices inférieurs; leur pointe ainsi que les supérieurs noirs; ceux-ci de la longueur du dernier segment de l'abdomen, semi-circulaires, atténués à la base, élargis et à côte externe dentelée depuis le milieu jusqu'à leur extrémité. Pieds tout noirs. Les ailes présentent trois variétés principales qui semblent passer de l'une à l'autre.

Var. α. Ailes d'un brun un peu roussâtre, colorées également, non opaques (les cellules semblent plus nombreuses et les nervures plus fines que dans les autres; et les veines transversales se bifurquent en beaucoup d'endroits, surtout près de la côte). La nervure de la côte seule d'un vert doré.

Var. β. Ailes d'un brun enfumé à reflet bleu foncé surtout au milieu. Cette couleur n'est pas assez épaisse pour rendre l'aile opaque. Nervure de la côte vert-doré.

Var. γ. Ailes opaques, d'un bleu foncé brillant ou d'un vert bleuâtre, selon les individus; leur pointe seule un peu brunâtre, et leur base légèrement transparente. La nervure de la côte vert-doré. Une *sous-variété* offre un assez grand espace transparent non coloré à la base des quatre ailes, ce qui lui donne une certaine ressemblance avec l'*Hœmorrhoidalis*, surtout que le dessous de l'extrémité de l'abdomen est souvent rougeâtre ; mais la forme des ailes et la couleur du corps préviennent toute méprise.

9

♀. En entier d'un vert soyeux cuivré en dessus. Yeux d'un brun jaunâtre. Un point jaune près des antennes, un autre à la bouche. Poitrine et dessous de l'abdomen bruns ou jaunâtre-obscur. Le dessus des
derniers segments d'un vert doré. Une ligne dorsale élevée formant une
petite pointe jaunâtre, sur le dernier segment. Les deux appendices anals
petits, noirâtres, pointus, plus courts que le dernier segment. Pieds noirs.

Les ailes, qui ne sont jamais opaques, présentent trois variétés principales qui passent de l'une à l'autre; dans l'état normal, elles ont une
petite tache blanche à la place du parastigma, mais dans chaque variété
on trouve des individus où elle est peu prononcée et même invisible.

Var. α. Ailes d'un brun roussâtre, colorées également; la nervure costale d'un bleu verdâtre doré ainsi que dans les autres variétés. (Dans cette variété les cellules semblent plus fines et plus nombreuses que dans les autres.)

Var. β. Ailes d'un brun roussâtre. La dernière moitié des inférieures lavée de brun-noirâtre, surtout à l'extrémité. Cette couleur diminue insensiblement jusqu'à la base. (De Belgique et de Provence).

Var. γ. Ailes d'un brun presque verdâtre; les nervures visiblement plus colorées que le fond, qui est hyalin. Cette dernière variété, que l'on pourrait confondre avec la femelle de la *Ludoviciana,* se trouve en même temps que la *sous-var.* γ du mâle à base des ailes hyaline. Je l'ai prise abondamment près de Fribourg en Suisse, aussi en Lombardie et en Provence.

La *Var.* α. du mâle et de la femelle, qui pourrait bien former une espèce distincte [1], se trouve dans toute l'Europe, depuis le nord de l'Italie jusqu'en Suède. Quant aux *var.* β, je les ai décrites sur des individus de Belgique, mais je n'ai pas de raison de croire que ce

---

[1] On pourrait la nommer *Calepteryx inornata* (cal. terne).

soit un mâle et une femelle analogues. Relativement aux deux autres, c'est à dessein que j'ai assigné au mâle et à la femelle les mêmes lettres.

J'ai cru devoir considérer les variétés de la *Virgo* sous un point de vue nouveau, et ne pas m'occuper de la présence du faux parastigma blanc, qui ne manque jamais complétement si l'on veut l'examiner à la loupe. La division que je propose d'après diverses présomptions n'est qu'un premier pas fait dans cette nouvelle voie. J'espère arriver à des résultats plus positifs en observant attentivement les habitudes, l'accouplement, les époques d'apparition et surtout les larves des diverses variétés.

La Caleptéryx vierge paraît depuis le mois de mai jusqu'en juillet; elle voltige en société dans les bois, sur le bord des eaux, etc. La variété brune semble éclore la première.

N° 2. CALEPTERYX LUDOVICIANA. (Leach.)

CALEPTÉRYX LOUISE.

Diagnose. — D'un bleu ou d'un vert soyeux bronzé. L'extrémité de l'abdomen jaunâtre en dessous. Ailes un peu étroites, hyalines, avec une bande transverse d'un vert bleuâtre chez le mâle, ou avec les nervures d'un vert brillant et un faux parastigma blanc, souvent nul chez la femelle.

Dimensions. — (Voyez le tableau.)

Synonymie. — Calepteryx ludoviciana. Leach. Steph. De Selys.
         — xanthostoma. Curtis.
Calopteryx parthenias. Charp. MSS. Burmeister, 1839.
Agrion virgo. *Var.* Fabr. Latr. Vander L. Charp. De Selys, 1837.
Libellula virgo. *Var.* Lin. Gm.
         — spendeo. Harris.

♂. En entier d'un bleu verdâtre soyeux, chatoyant en-dessus. Yeux bruns. Toutes les parties du dessous comme chez la *C. virgo.* Dessous des trois derniers segments de l'abdomen jaunâtre, ainsi que celui des appendices anals inférieurs. Ailes hyalines depuis la base jusque près de la moitié de leur longueur, puis d'un bleu noirâtre, plus ou moins opaque jusque vers l'extrémité ; celle-ci hyaline. (*Nota*. Les individus de Belgique ont cet espace d'un bleuâtre peu foncé, mais chez un individu de Provence, que M. de Fonscolombe a eu la bonté de m'envoyer, cet espace bleu est aussi noirâtre et aussi opaque que chez l'*Hœmorrhoidalis*). Les ailes d'un 9ᵐᵉ ou d'un 10ᵐᵉ plus étroites que chez la *Virgo*. Les scutelles de l'espace interalaire sont pâles. Une petite tache jaune à la base des antennes.

♀. En entier d'un vert soyeux cuivré en dessus comme celle de la *Virgo*. Le dessous de l'abdomen et la base des cuisses jaunâtres. Ailes verdâtres ; toutes les nervures d'un vert brillant. Une petite tache blanche à la place du parastigma, disparaissant quelquefois comme chez la *Virgo*. Les scutelles de l'espace interalaire sont pâles.

Habite toute l'Europe, même le Midi, se tient toujours sur le bord des eaux. En Belgique, elle paraît un peu plus tard que la *Virgo*, c'est-à-dire depuis le milieu de juin jusqu'en août. Dans le royaume de Naples, elle volait le 20 mai.

Ce n'est qu'avec doute que je sépare cette espèce de la *Virgo*, suivant en cela l'exemple des auteurs anglais. J'ai adopté leur opinion parce que les ailes sont aussi longues que chez la *Virgo*, mais sont plus étroites d'un neuvième environ comme chez l'*Hœmorrhoidalis*. Elle diffère donc de la *C. virgo*, par la forme et la couleur des ailes, de la *C. hœmorrhoidalis*, par leur couleur et celle du corps.

Quand même la *Ludoviciana* aurait été trouvée accouplée par hasard avec la *Virgo*, ce ne serait pas une raison entièrement convaincante de l'identité spécifique. Je chercherai au surplus à m'en assurer par de nouvelles observations.

N° 3. CALEPTERYX HÆMORRHOIDALIS. (Vander L.)

CALEPTÉRYX HÉMORRHOÏDALE.

Diagnose. — D'un noir d'acier pourpré en dessus, avec l'extrémité de l'abdomen d'un rouge vif en dessous. Ailes un peu étroites, d'un noir bleuâtre; la base largement hyaline (*mâle*), ou bien corps d'un vert bronzé; la bouche et la poitrine d'un jaune vif; ailes un peu étroites, roussâtres avec un faux parastigma blanc et l'extrémité des postérieures brune (*femelle*).

Dimensions. — (Voyez le tableau.)

Synonymie. — AGRION HÆMORRHOIDALIS. Vander L., 1825. B. de Fonscol.
      — XANTHOSTOMA. Charp., 1825 (*variété*)?

♂. En entier d'un noir bleuâtre à reflets violets et rougeâtres. Poitrine rougeâtre; les trois derniers segments de l'abdomen en dessous et l'extrémité du septième d'un rose foncé très-vif, ainsi que le dessous des deux appendices inférieurs; leur dessus et les supérieurs noirs, de la même forme que chez la *Virgo*. (Vander Linden dit que les inférieurs sont éloignés l'un de l'autre à leur base, et que c'est le contraire chez la *Virgo*; mais il m'a paru que cette différence n'existe pas). Pieds noirs (selon Vander Linden, les jambes sont roussâtres; mais je ne l'ai pas observé sur les individus que je possède). Ailes d'un noir luisant un peu bleuâtre, hyalines à la base de la côte externe, et jusqu'au tiers environ du bord interne. Dans cet espace transparent, qui tranche fortement avec le reste de l'aile, les nervures sont lavées de brun.

♀. En entier d'un verdâtre bronzé. La bouche, une strie latérale oblique sur les côtés du thorax et la poitrine d'un jaune vif. Dessous de l'abdomen jaunâtre. Les deux appendices anals noirs comme chez la *Virgo*. Pieds bruns, l'extérieur des cuisses et les tarses noirs. Ailes roussâtres. Une petite tache blanche à la place du parastigma. La pointe avec le dernier quart des secondes ailes bruns. La couleur brune dans laquelle se trouve le faux parastigma coupée en ligne droite tranchée; souvent est-elle à peine plus foncée que le reste de l'aile, mais se voit toujours. La base des ailes, où se trouve la partie hyaline chez le mâle, un peu plus claire que le reste.

Habite l'Europe méridionale et le nord de l'Afrique. Découverte en Italie par Vander Linden, observée en

Provence par M. de Fonscolombe. Elle y est plus commune que la *Virgo*, et paraît au printemps et en été.

Le mâle diffère de la variété γ de la *Virgo* : 1º par la couleur d'acier pourpré du corps (chez la *Virgo* il est vert ou bleu-brillant, mais jamais à reflets rougeâtres) ; 2º par le dessous des trois derniers segments de l'abdomen (ils sont souvent saupoudrés de rouge chez la *Virgo*, mais cela n'approche jamais de la vivacité de la teinte rose de l'*Hæmorrhoidalis* ; 3º par la proportion des ailes qui, chez l'*Hæmorrhoidalis*, sont aussi longues, mais d'un neuvième au moins plus étroites et de forme plus pointue. Leur couleur ici est plutôt noire que bleue : chez la *Virgo*, c'est le contraire. L'abdomen est aussi un peu plus long et plus mince.

La femelle diffère de celle de la *Virgo :* 1º par la bouche et la poitrine, qui sont jaune-clair ; 2º par la forme des ailes et par l'extrémité brune tranchée des secondes.

Le mâle de l'espèce se distingue de celui de la *Ludoviciana* à la couleur des ailes, du corps et des trois derniers segments en dessous ; sa femelle, par la couleur des ailes et les marques jaunes de la bouche et de la poitrine.

La *Xanthostoma* de M. de Charpentier, décrite sur un individu femelle de Provence, paraît être une variété de l'*Hæmorrhoidalis*. Du moins le corps et la bouche sont marqués de jaune de la même manière, mais les ailes ont leurs nervures d'un vert brillant comme la *Ludoviciana* femelle. (Il ne parle pas d'espace plus foncé à l'extrémité des ailes inférieures). — Serait-ce la femelle de ce que j'ai indiqué comme une variété méridionale de la *Ludoviciana?*

Division 2me. — *HETEROPTÉROIDES*. (Nobis.)

Caractères. — Ailes pétiolées, très-étroites dans le premier huitième de leur longueur. La cinquième nervure formant le bord postérieur sans espace cellulaire entre deux. (Ce sont les *Agrions alis albis* des auteurs, ou les *Agrions alis petiolatis* de Hanseman.)

X. GENRE LESTES.

LESTES. (Leach.)

Synonymie. — Lestes. Leach. Curtis. Stephens.
Agrion. Fabr. Latr. Vander L. Charp. Hansem.
Libellula. Lin. Gm.
Anapetes. Charp. MSS.

Caractères.—Tête et bouche à peu près comme dans le genre *Calepteryx ;* abdomen long, cylindrique ; les deux appendices supérieurs des mâles grands, semi-circulaires, les deux inférieurs à peu près droits, plus ou moins rapprochés. Deux appendices supérieurs seulement, petits , écartés , chez la femelle, dont le huitième segment porte en dessous une grande lame cornée double, reposant entre deux valvules latérales qui sont séparées de l'abdomen, dont elles atteignent l'extrémité à partir du dixième segment, et portent, de chaque côté, à leur extrémité, deux petits appendices presque filiformes relevés et articulés. Le bord de ces valvules est souvent dentelé en scie.

Ailes hyalines horizontales dans le repos. Les cellules des ailes assez nombreuses, la plupart pentagones à cause de la direction anguleuse de plusieurs des nervures longitudinales. Parastigma allongé, rectangle. Les ailes sont très-étroites et pétiolées dans leur premier huitième, à partir de la base; la cinquième nervure longitudinale, formant le bord interne et postérieur sans espace cellulaire entre deux.

Ainsi que je l'ai dit à l'article Caleptéryx, les Lestes se rapprochent des Libellulines et notamment des Anax, par leurs ailes horizontales dans le repos, par la forme oblongue du parastigma et celle pentagone des cellules des ailes. Sous d'autres rapports, elles semblent intermédiaires entre les *Calepteryx,* dont elles ont le corps métallique, et les *Agrion,* dont elles se rapprochent par la forme et la couleur des ailes.

Les Lestes ont presque tout le corps d'un vert métallique en dessus, tandis que le dessous est coloré de diverses nuances de jaune. Le thorax et les deux extrémités de l'abdomen sont sujets, chez les mâles de plusieurs espèces, à se couvrir d'une poussière bleue qui est, comme chez ceux de quelques Libellules, le résultat d'une exsudation propre aux individus éclos depuis quelque temps.

Les Lestes ne se voient pas en grand nombre ni en société, comme les Caleptéryx et les Agriones. On en trouve des individus isolés dans les bois et sur le bord des eaux, et jamais très-communément. Les caractères spécifiques existent dans la coloration et la forme de la tête et du parastigma, mais surtout dans celle des appendices anals des mâles, dont les supérieurs sont grands, plus ou moins en tenailles, semi-circulaires, et les inférieurs très-diversement écartés selon les espèces. La grandeur et la disposition lisse ou dentelée de la lame vulvaire de la femelle fournissent des caractères plus ou moins équivalents, mais assez difficiles à saisir.

N° 1. LESTES VIRIDIS. (Vander L.)

LESTES VERTE.

Diagnose. — Vert-bronzé en dessus, ainsi que le derrière de la tête. Parastigma grand, un peu dilaté, roussâtre. Pieds roussâtres, rayés de noir. Appendices anals supérieurs du mâle blanchâtres ; les deux inférieurs droits, contigus ; les valvules de la femelle visiblement dentelées à leur extrémité.

Dimensions. — (Voyez le tableau.)

Synonymie. — Agrion viridis. Vander L., 1825. B. de Fonscol.
                 Lestes viridis? Steph. Curtis.
                 Agrion leucopsallis. Charp., 1825.
                 Agrion puella. *Var. z?* Lin. Gm. Fabr.
                 Lestes viridis. De Selys.

♂. Tête vert-bronzé sur le front, en dessus et en arrière ; jaunâtre en dessous ainsi que la bouche et ses côtés. Le bord de la lèvre supérieure noirâtre. Les yeux bleu-verdâtre en dessus, jaunâtres en dessous. Collier court, transverse, rétréci en avant, tronqué en ligne droite en arrière, jaune tacheté de noir-bronzé. Dessus du thorax d'un vert bronzé brillant, à l'exception de l'espace interalaire qui est jaunâtre ainsi que le dessous, une ligne en relief en dessus et une autre oblique de chaque côté. Abdomen très-mince, d'un vert bronzé brillant en dessus et sur les côtés. Le bord postérieur des segments plus foncé, et deux très-petites taches triangulaires, jaunes à leur base. Bord du dixième segment très-peu échancré, blanchâtre, à pointe brune ; dessous de l'abdomen jaunâtre. Appendices anals supérieurs plus longs que le dernier segment, horizontaux, semi-circulaires, en forme de tenailles, très-finement poilus en dehors ; le bord intérieur comme divisé en trois lobes. Appendices inférieurs bruns, courts, coniques, contigus. Pieds roussâtres, avec une ligne noire en dedans et les tarses noirs. Ailes hyalines, un peu salies. Parastigma grand, un peu dilaté au milieu, roussâtre.

♀. Semblable au mâle mais d'un vert bronzé cuivré. Les deux appendices anals bronzés, une fois plus courts que le dernier segment de l'abdomen, coniques, pointus. Les valvules qui renferment la lame vulvaire assez courtes, atteignant l'extrémité de l'abdomen, visiblement dentelées en dehors à partir du dixième segment et poilues en dedans.

Habite presque toute l'Europe. Observée en Belgique, en Angleterre, en France et dans le nord de l'Afrique. En Belgique elle est très-rare, et paraît à la fin de mai et en juin. M. de Fonscolombe l'indique en Provence au mois de septembre.

Diffère des espèces suivantes par sa taille plus grande et son parastigma plus large. Le mâle se distingue facilement à la forme et à la couleur des appendices anals ; quant à la femelle, après la taille, le meilleur moyen de la reconnaître est la dentelure de l'*extrémité* des valvules vulvaires.

N° 2. LESTES PICTETI. (Gené.)

LESTES DE PICTET.

Diagnose. — D'un vert foncé, métallique, très-brillant en dessus ainsi que le dessus et le derrière de la tête. Parastigma grand, un peu dilaté, brun-noirâtre. (Pieds d'un noir bronzé. Thorax et abdomen bleu-pulvérulent chez le mâle adulte.) Appendices anals supérieurs du mâle noirs ; les inférieurs courts, éloignés l'un de l'autre à leur extrémité.

Dimensions. — (Voyez le tableau.)

Synonymie. — Agrion Picteti. Gené, *in litter.* (mâle adulte).
— virens. Charp., 1825 (*recens natus et fem. ?*).

Je n'ai sous les yeux que le mâle adulte que M. le professeur Gené, de Turin, a eu la bonté de m'envoyer sous le nom d'*Agrion Picteti* (Gené).

♂. Adulte. Tête noir-bronzé en dessus. Occiput cendré, pulvérulent. Lèvre inférieure jaunâtre ; la supérieure jaunâtre avec une bande transverse noir-bronzé. Yeux bruns. Collier comme celui de *L. viridis*, pulvérulent. Thorax en entier d'un bleu clair pulvérulent, avec une ligne dorsale et une autre oblique en relief de chaque côté. Abdomen très-mince, épaissi à son extrémité ; d'un vert foncé métallique très-brillant en dessus et sur les côtés ; jaune en dessous et aux côtés des articulations. Le premier segment, la base du 2me et les 8me, 9me et 10me couverts de poussière d'un bleu clair ; le dixième à bord postérieur bisinué. Appendices anals supérieurs noirs, plus longs que le dernier segment, horizontaux, semi-circulaires, en forme de tenailles, dentelés en scie en dehors ; le bord interne divisé en trois lobes dont celui du milieu élargi. Les deux appendices inférieurs roussâtres, une fois plus courts, coniques, rapprochés l'un de l'autre à leur base ; s'écartant beaucoup à leur extrémité qui est arrondie et poilue. Pieds d'un noir bronzé. Ailes hyalines. Parastigma grand, large, un peu dilaté au milieu, d'un brun noirâtre.

Habite la Sardaigne, le Piémont, la Romagne et les environs de Lyon ; diffère du mâle de *L. viridis* par la forme et la couleur des appendices anals et du parastigma ; de celui de *L. sponsa* par les mêmes caractères.

Il est probable que les mâles nouvellement éclos et les femelles sont l'*Agrion virens* de M. Toussaint de Charpentier. Ce qu'il dit des appendices anals du mâle s'y rapporte du moins assez bien ; mais comme sa description est loin d'être complète, je n'ai osé décrire l'espèce sous le nom de *Lestes virens*, bien qu'il eût la priorité. Voici ce qui caractérise ce *Virens* de M. de Charpentier :

♂. Jeune ? Le corps n'est nullement saupoudré de bleuâtre. Il est en dessus d'un vert bronzé beaucoup plus brillant que celui des espèces voisines. Il surpasse même en éclat la *Calepteryx virgo*. La bouche est jaune. Les pieds jaunes avec une seule ligne noire étroite en dessus. Tout le dessous du corps est d'un beau jaune.

♀. La femelle est semblable au mâle, mais beaucoup plus grande, ce qui la distingue de celle de *L. sponsa.*

Habite le Portugal. (Musée de Berlin.)

N° 3. LESTES SPONSA. (HANSEMAN.)

LESTES FIANCÉE.

Diagnose. — Vert-bronzé en dessus, ainsi que le derrière de la tête. Parastigma assez allongé, brun ou noirâtre. Pieds noirs, au moins en dedans. Appendices anals supérieurs du mâle noirs; les deux inférieurs un peu plus courts, droits, éloignés l'un de l'autre. Les valvules de la femelle presque lisses.

Dimensions. — (Voyez le tableau.)

Synonymie. — AGRION SPONSA. Hanseman, 1823.
        LESTES SPONSA. Curtis. De Selys.
        AGRION FORCIPULA. T. de Charpentier, 1825. Burmeister.
        LESTES FORCIPULA. Stephens.
        LESTES AUTUMNALIS. Leach. (mâle adulte).
        AGRION PICTETI. B. de Fonscol. (mâle adulte).

♂. Adulte. Tête vert-bronzé sur le front, en dessus et en arrière; jaunâtre en dessous ainsi que la bouche et ses côtés. Yeux d'un bleu indigo brillant, plus pâles en dessous. Collier bronzé, saupoudré de bleu à peu près comme chez la *L. viridis*, mais gonflé. Dessus du thorax d'un vert foncé métallique très-brillant, avec une ligne dorsale et une autre oblique en relief bronzées de chaque côté. Espace interalaire, côtés et dessous du thorax bleu-clair pulvérulent. Abdomen d'un vert foncé métallique brillant en dessus et sur les côtés, à l'exception des deux premiers et des deux derniers segments, qui sont plus ou moins saupoudrés de bleu-clair. Dessous jaunâtre ainsi qu'une petite ligne à la base de chaque segment; le bord postérieur du dernier échancré. Appendices anals noirs; les supérieurs plus longs que le dernier segment, horizontaux, semicirculaires, en forme de tenailles; dentelés en scie en dehors; le bord interne divisé en trois lobes dont les deux premiers sont terminés chacun par une dent très-aiguë. Les appendices inférieurs un peu plus courts, éloignés l'un de l'autre excepté à la base, droits, minces, cylindriques, terminés en pointe arrondie. Pieds noir-bronzé avec une petite ligne jaunâtre très-étroite en dehors des cuisses. Ailes hyalines. Parastigma noirâtre assez allongé.

Les mâles nouvellement éclos n'ont aucune partie du

corps couverte de poussière bleue. Les yeux verdâtres, jaunes en dessous. Le dessous et les côtés du thorax jaunes ainsi que les trois lignes du dessus et l'espace interalaire. Les ocelles fauves, brillantes ; les appendices anals marqués de jaune. Les cuisses et les jambes avec une ligne jaune en dehors. Les ailes à reflet pourpré et à parastigma roussâtre transparent.

♀. Elle ressemble aux mâles nouvellement éclos, mais le vert de l'abdomen est un peu plus cuivré. Les pieds sont largement jaunes en dehors ; il y a des taches jaunes sur le collier ; les articulations de l'abdomen sont également jaunes. Les appendices anals jaunâtres, à pointe brune, une fois plus courts que le dernier segment, coniques, pointus. Les valvules qui renferment la lame vulvaire atteignant l'extrémité de l'abdomen, à bords glabres et lisses. Il faut un grossissement assez fort pour reconnaître une très-fine dentelure qui est uniforme dans toute la longueur des valvules. (Dans la *L. viridis* il n'y a que l'extrémité de dentelée, et elle l'est visiblement.) Parastigma noirâtre chez les adultes, roussâtre, transparent chez les individus nouvellement éclos.

Habite toute l'Allemagne, la Belgique, l'Angleterre, les environs de Paris, en été jusqu'à la fin de septembre.

Je ne sais si les individus plus grands et à tête plus forte que l'on rencontre dans les mêmes pays en juillet et août forment une espèce distincte, et s'ils répondent à l'*Agrion Nympha* de Kirby. A part les différences de taille, ils offrent les caractères suivants :

Mâle adulte. Il est à peu près saupoudré de poussière bleue comme celui de la *Sponsa,* mais toutes les parties vert-bronzé sont fortement cuivrées au lieu d'être d'un vert pur. Le parastigma semble moins allongé ou du moins plus large que dans la *Sponsa,* et le diamètre des ailes peut-être plus grand en proportion. Tel est l'individu dont j'ai fait figurer les appendices anals ; mais je dois

faire remarquer que la différence que les appendices inférieurs présentent peut tenir à une monstruosité indivi-
duelle, puisqu'elle ne consiste qu'en plus de courbure l'un
vers l'autre et en plus d'épaisseur ; ce qui peut se produire
facilement lorsqu'il s'agit de corps mous comme ceux-ci.

Femelle. Semblable à celle de la *Sponsa*. Le parastigma
peut-être un peu moins allongé. L'abdomen plus épais ainsi
que le diamètre de la tête. Les valvules de la lame cornée
plus grandes, non dentelées.

La *Lestes nympha* , n'est probablement, je le répète
qu'une variété plus grande de la *Sponsa*.

Dans tous ses états, la *Sponsa* mâle se distingue des
deux espèces précédentes à la forme des appendices
anals et du parastigma ; la femelle se reconnaîtra aussi à la
forme du parastigma et aux valvules non dentelées de
l'abdomen. (Voyez plus bas les différences qu'offre la
Lestes barbara avec ses congénères.)

N. B. — D'après la forme des appendices anals l'*A. Picteti* de M. Boyer de Fonscolombe répond au mâle adulte de la *Lestes sponsa*, et non à la véritable *Lestes Picteti ;* les dimensions données ne laissent même aucun doute à cet égard. C'est moi
qui, dans le principe, ai donné cette fausse indication à M. de Fonscolombe, ne con-
naissant pas alors la livrée adulte de la *Sponsa*.

Nº 4. LESTES BARBARA. (Fabr.)

LESTES BARBARE.

Diagnose. — Vert-doré en dessus, derrière de la tête jaune. Parastigma allongé,
brun, à moitié blanchâtre.

Dimensions. — (Voyez le tableau.)

Synonymie. — Agrion barbara. Fabr. Vander L. B. de Fonscol. De Selys.
        —   barbarum. T. de Charp. Burmeister.
        —   viridis. Vander L., 1820.
        —   nympha. Hansem.
    Lestes barbara. De Selys.

♂. Tête vert-bronzé en dessus, jaune en arrière, en dessous et en avant. Yeux verts en dessus, jaunes en dessous. Des petites taches jaunes derrière les ocelles et à la base des antennes. Collier bordé et tacheté de jaune. Thorax vert-doré en dessus avec une ligne dorsale et une oblique de chaque côté jaunes. Le dessous et les côtés jaune-soufre. Espace interalaire jaune-roussâtre un peu saupoudré de blanc chez les adultes. Abdomen vert-doré en dessus, jaune en dessous. Les articulations des segments blanchâtres, le dernier segment presque tout jaunâtre, saupoudré de cendré chez les adultes. Appendices anals supérieurs jaunâtres, à pointe et côté interne noirâtres, plus longs que le dernier segment, horizontaux, semi-circulaires, en forme de tenailles; munis à leur base interne d'une dent obtuse; s'élargissant ensuite, puis finissant en pointe obtuse. Le bord externe cilié surtout vers son extrémité. Les deux appendices inférieurs jaunâtres, courts, rapprochés à leur naissance, ensuite éloignés, coniques, minces, pointus; les deux pointes convergentes ou se croisant l'une sur l'autre. Pieds jaunâtres : une ligne très-fine sur l'extérieur des cuisses, l'intérieur des jambes et les tarses noirâtres. Ailes hyalines un peu lavées de jaunâtre à la base et le long de la côte. Parastigma oblong, un peu dilaté au milieu, brun-roussâtre; sa moitié postérieure blanc-jaunâtre.

♀. Semblable au mâle. Les deux appendices anals jaunâtres, une fois plus courts que le dernier segment de l'abdomen, coniques, pointus. Les valvules qui renferment la lame vulvaire assez courtes, atteignant l'extrémité de l'abdomen, très-finement dentelées en dehors à partir du dixième segment.

Variétés. — Chez quelques individus le parastigma est unicolore, brun-roussâtre, et les trois lignes jaunes du thorax peu visibles. Vander Linden a pris, à tort, cette variété pour le mâle normal de l'espèce.

M. le professeur Wesmael a recueilli en Belgique une variété semblable de la femelle. Cette variété se distinguera toujours de la *Sponsa* à la couleur jaune de l'occiput.

On a cru à tort cette espèce propre uniquement au nord de l'Afrique. Elle est commune dans tout le midi de l'Europe , et se trouve aussi , quoiqu'en plus petit nombre, en Allemagne et en Belgique. Je l'ai prise aux environs de Naples, le 20 mai; en Lombardie , vers la mi-juin; à Baden , le 25 juillet. M. Putzeys l'a retrouvée aux environs d'Arlon (Belgique), le 24 août. Elle a aussi été observée près de Bruxelles par M. Robyns. En Provence , elle vole également en août et septembre.

XI. GENRE SYMPECMA.

SYMPECMA. (Charp.)

Synonymie. — Subgenus Sympecma. T. de Charp. MSS.
Lestes. De Selys. Catal., 1839.
Agrion. Vander L. Charp. Fonscol. Burm.

Caractères.— Les mêmes que ceux du genre *Lestes*, avec les modifications suivantes :

1° Les ailes sont relevées perpendiculairement dans le repos ;

2° Elles sont plus pointues, et l'espace qui surmonte leur triangle discoïdal est triangulaire régulier, très-étroit et très-allongé transversalement;

3° Les jambes sont moins longues, et les cils qui les garnissent plus courts ;

4° Les deux appendices anals de la femelle sont rapprochés l'un de l'autre, grands, lancéolés à peu près comme ceux des Æschnes. Les valvules vulvaires sont petites et n'atteignent pas l'extrémité de l'abdomen.

La coloration des *Sympecma* est d'un brun plus ou moins métallique, mélangé de roussâtre, et n'offre pas ces teintes vert-doré, qui caractérisent les Lestes. Le

parastigma des ailes est aussi plus étroit et plus allongé ;
mais je ne me serais pas décidé à adopter comme genre
distinct le sous-genre proposé par M. de Charpentier,
si la manière de porter les ailes relevées ou horizontales
dans le repos ne me paraissait d'une importance extrême
chez les Libellulidées : par ces caractères, les Sympecma
forment le passage des Lestes aux Agriones.

L'*Agrion zonatum* (Burmeister) de l'Océanie est du
genre *Sympecma*.

Nº 1. SYMPECMA FUSCA. (Vander L.)

SYMPECMA BRUNE.

Diagnose. — D'un roux clair ; des taches dorsales abdominales d'un brun bronzé.
Parastigma allongé, roux.

Dimensions. — (Voyez le tableau.)

Synonymie. — Agrion fusca. Vander L., 1820. De Selys. B. de Fonscol.
         — phallatum. T. de Charp. Burmeister.
    Lestes fusca. De Selys.

♂. Tête velue, roussâtre, jaunâtre en arrière et en dessous, tachetée de
brun bronzé en dessus. Yeux d'un bleu foncé, surtout en dessus. Collier
d'un brun bronzé en dessus, bisinué en arrière, présentant ainsi un lobe
arrondi proéminent entre les deux échancrures. Thorax noirâtre, bronzé
en dessus ; une strie longitudinale de chaque côté roussâtre. Le dessous
jaune-roussâtre. Abdomen très-mince, noirâtre-bronzé en dessus ; la
base des segments, celle du premier et des trois derniers exceptées,
d'un brun roux. La bande dorsale bronzée sinuée sur les côtés avec
une arête dorsale pourprée. Dessous de l'abdomen d'un blanc roussâtre.
L'extrémité du dixième segment roussâtre, échancrée et dentelée. Appendices anals supérieurs plus longs que le dernier segment, roussâtres, à
pointe blanchâtre, horizontaux, semi-circulaires en forme de tenailles ;
le bord externe muni de petites dentelures noires et de cils très-fins ; le
bord interne comme divisé en trois lobes, dont le premier se termine par
une dent. Les deux appendices inférieurs rapprochés l'un de l'autre,

10

très-courts, se terminant en pointe ciliée. Pieds roussâtres avec une ligne noire très-étroite, peu visible. Ailes hyalines un peu salies à la base, plus atténuées que dans les autres genres. Parastigma allongé, roux-brun.

♀. Semblable au mâle, mais la bande bronzée abdominale plus étroite et formant sur chacun des sept premiers segments une tache dorsale plus distinctement bilobée (M. de Charpentier se sert du mot *Phalliforme* pour la désigner). Appendices anals jaunâtres, de la longueur du dernier segment, assez gros, pointus et velus; les valvules vulvaires simples, n'atteignant pas l'extrémité du dernier segment.

Habite la Belgique, l'Allemagne, la France et l'Italie. Cette espèce se trouve particulièrement dans les bois et se pose sur les feuilles des arbres. Elle paraît en Belgique vers le 1er août. En Provence elle vole en août et septembre. Elle se distingue bien des Lestes à sa couleur brune, et des Agriones à la forme allongée du parastigma ,etc.

XII. GENRE AGRIONE.

AGRION. (Fabr.)

Synonymie. — Agrion. Fabr. Vander L. Hansem. Charp. Fonscol. Curtis Steph. Leach., etc.

        Libellula. Lin. Gm.

Les sous-genres *Agrion, Ischnura* et *Platycnemis*. (T. de Charp. MSS.)

Caractères. — Tête et bouche comme dans le genre *Calepteryx*.

Abdomen long, cylindrique, souvent très-mince et presque filiforme. Les deux appendices anals des mâles de formes variées, au nombre de quatre ordinairement, très-courts, simulant quelquefois six appendices; les supérieurs ordinairement plus courts que les inférieurs, très-rarement semi-circulaires. Deux appendices supérieurs seulement chez la femelle, dont le huitième segment porte en dessous une double lame cornée reposant entre deux valvules latérales qui n'atteignent pas l'extrémité de l'abdomen, et portent de chaque côté, à leur extrémité, deux petits appendices presque filiformes relevés et articulés.

Ailes hyalines, relevées perpendiculairement dans le repos. Les cellules des ailes peu nombreuses, presque toutes rectangulaires à cause de la direction droite des nervures longitudinales. Parastigma court, rhomboïde ou triangulaire. Les ailes sont très-étroites et pétiolées dans leur premier huitième, à partir de la base; la cinquième nervure longitudinale formant le bord interne et postérieur sans espace cellulaire entre deux.

Les Agriones se tiennent presque toujours sur le bord de l'eau et dans les prairies humides. Elles se reposent fréquemment et sont peu carnassières en comparaison des Libellulines. Elles éclosent souvent par milliers en même temps, dans la même localité, et voltigent accouplées sur les plantes aquatiques.

On les distingue au premier coup d'œil des Lestes et des Sympecma à leur parastigma court, rhomboïde. Pour la manière de porter les ailes dans le repos, on peut comparer avec justesse les Libellulines à la plupart des Lépidoptères nocturnes; les Lestes aux Hespéries et aux Smérinthes; les Agriones et les Caleptéryx aux papillons de jour.

La coloration varie selon plusieurs petits groupes que j'ai cru pouvoir établir. Les caractères spécifiques se tirent particulièrement de la forme des pieds, de celle du bord postérieur du collier ou prothorax, de la présence ou de l'absence de tache claire derrière chaque œil, surtout de la structure des appendices anals des mâles, qui sont on ne peut plus variables : plusieurs espèces semblent en avoir six , d'autres trois seulement, les deux supérieurs étant doubles dans le premier cas, et les deux inférieurs contigus dans le second. En général, ces divers appendices sont très-petits.

1re SECTION.

Les jambes des quatre pieds postérieurs dilatées ou élargies sur leurs côtés, et garnies de cils longs. Les deux jambes antérieures garnies également de cils longs. — C'est le sous-genre *Platycnemis* de M. Toussaint de Charpentier.

Je place cette espèce entre les Lestes et les Agriones proprement dites, à cause des cils des jambes qui rappellent par leur longueur ceux des Lestes, bien que la coloration du corps soit bien moins métallique que celle des premières espèces de la deuxième section. La tête est plus large et transverse que dans aucune autre Libelluline. On pourrait, à la rigueur, en faire un genre distinct, en adoptant le nom proposé par M. de Charpentier.

N° 1. AGRION PLATYPODA. (Vander L.)

AGRIONE PLATYPODE.

Diagnose. — Des lignes pâles derrière les yeux ; les quatre jambes postérieures dilatées.

Dimensions. — (Voyez le tableau.)

Synonymie. — AGRION PLATYPODA. Vander L., 1820. Fonscol. De Selys.
      — LACTEUM. T. de Charp., 1825. Steph. Burmeister.
      — COREA. Leach. (*var.* bleue).
      — ALBICANS. Leach (*var.* blanche).
      — ALBIDELLA. Devillers (*var.* blanche).
      — NITIDULA. Brullé, *Expéd. de Morée* (*mâle*).
      — HYALINATA. Brullé, id.   id.   (*femelle*).

Var. α. Abdomen bleu (*mâle*) ou roux-verdâtre (*fe-*

melle). Une ligne noire dorsale, simple ou double sur tous les segments.

♂. Tête d'un bleu clair, noire en dessus, avec deux lignes transverses plus pâles derrière les yeux. Yeux bleus, bruns en dessus, collier plissé, bronzé, taché latéralement de bleu. Le bord postérieur presque droit. Thorax bleu avec une bande dorsale et deux stries latérales de chaque côté noires. Le dessous d'un blanc bleuâtre (la bande noire dorsale est séparée elle-même en deux par une arête bleuâtre). Abdomen bleu-clair en dessus. Premier segment sans tache, deuxième avec trois taches dorsales; 3me, 4me, 5me et 6me avec une ligne noire dorsale fine, qui se dédouble en deux points latéraux vers le bord postérieur, qui est noir; 7me, 8me et 9me avec l'arête dorsale bleuâtre et une large ligne de chaque côté accompagnée d'un point noirs. Dixième sans taches; dessous de l'abdomen pâle, avec une double ligne noire. Les quatre appendices anals bleuâtres; les deux supérieurs gros, subconiques, plus courts que le dernier segment, divergents, à pointe presque bifide, les deux inférieurs plus longs que le dernier segment, courbés en forme de tenailles, presque semicirculaires, leur base interne noire en dedans. Pieds blanchâtres; les cuisses et les jambes avec une ligne noire étroite en dehors. Les quatre jambes postérieures dilatées sur les côtés, à cils noirs. Ailes hyalines. Parastigma brun-ferrugineux, un peu plus carré et moins rhomboïde que dans les autres espèces.

♀. Ce qui est bleu dans le mâle est d'un verdâtre pâle ou roussâtre chez la femelle. Le 1er et le 2me segment ont une ligne noire dorsale, et tous les autres ont deux lignes noires dorsales parallèles, et l'arête intermédiaire verdâtre. Les deux appendices anals, courts, droits, blanchâtres, à pointe arrondie.

Var. β. Abdomen blanchâtre, les trois avant-derniers segments marqués seulement de deux lignes dorsales noires.

Le mâle et la femelle tout à fait semblables de couleur; la tête et le thorax comme dans la *var.* α, mais le bleu remplacé par du roussâtre en dessus et du blanchâtre en dessous; l'abdomen d'un blanc très-légèrement roussâtre.

Deux points noirs dorsaux sur les six premiers segments, dont le bord postérieur est légèrement noir ; les 7me, 8me et 9me avec l'arête dorsale blanchâtre et une large ligne de chaque côté accompagnée d'un point noirs ; le dixième sans tache, le reste semblable à la variété bleue.

Habite toute l'Europe et le nord de l'Afrique. Les deux variétés s'accouplent ensemble. Leur couleur bleue ou blanche, comme le remarque M. Toussaint de Charpentier, ne dépend pas de leur âge ni d'une exsudation de la peau, mais tient à la matière même du corps et se voit aussitôt après l'éclosion. Les individus blancs paraissent en Belgique et en Italie, depuis le 15 mai jusqu'au 15 juin, et les bleus depuis le 15 juin : ces derniers reparaissent une seconde fois en août.

Très-distincte de toutes ses congénères par la forme des pieds.

2me SECTION.

Tous les pieds semblables ; les jambes non dilatées, à cils courts. — Ce sont les *Agrion* proprement dites.

1er GROUPE.

Le derrière des yeux sans tache plus claire.

Les espèces de ce groupe se rapprochent peut-être davantage des Lestes par leurs ailes à cellules plus nombreuses que les autres Agriones. Le corps est coloré de rouge ou de jaune, et lorsque le bleu s'y trouve, il n'y est comme chez les Lestes qu'à l'état de poudre exsudée chez les individus adultes. Les appendices anals supérieurs sont souvent plus longs que les inférieurs.

N° 2. AGRION NAJAS. (Hanseman.)

AGRIONE NAÏADE.

Diagnose. — Yeux rouges (*mâle*), ou jaunes (*femelle*). Abdomen noir-bronzé en dessus avec les deux derniers segments bleus (*mâle*), ou légèrement saupoudrés de cette couleur (*femelle*). Espace interalaire bleu ou jaunâtre.

Dimensions. — (Voyez le tableau.)

Synonymie. — AGRION NAJAS. Hanseman, 1823. De Selys.
      — ANALIS. Vander L., 1825.
      — CHLORIDION. T. de Charp., 1825. Burmeister.
      — LINCOLNIENSE? Stephens.

♂. Lèvre supérieure et front très-poilus, roussâtres, avec deux sillons transverses noirs. Bouche jaunâtre. Ocelles grandes, brillantes, fauves. Yeux très-grands, d'un rouge carmin vif en dessus; jaunâtres en dessous, Le reste du dessus et tout le derrière de la tête noir-bronzé. Collier transverse, le bord postérieur arrondi et relevé, brun-bronzé. Les côtés jaunâtres. Dessus du thorax bronzé. Les côtés et le dessous ainsi que l'espace entre les ailes d'un bleu clair pulvérulent. La poitrine jaunâtre. Abdomen noir-bronzé en dessus, jaunâtre en dessous. Le premier segment cendré pulvérulent en dessus, le huitième segment noir terne, les 9me et 10me d'un bleu vif pulvérulent; le bord du dixième segment très-échancré. Appendices anals supérieurs noirs, un peu plus courts que le dernier segment, horizontaux, dolabriformes, un peu divergents en dehors, à pointe sinuée; les deux inférieurs perpendiculaires, très-courts, visibles seulement lorsqu'on regarde l'insecte de côté. Pieds noirs, jaunes à la base. Ailes hyalines. parastigma rhomboïde brun.

Les individus très-adultes ont le derrière de la tête, les sept premiers segments en dessus et tout le dessous de l'abdomen, les cuisses et la poitrine plus ou moins saupoudrés de cendré.

Les individus qui viennent d'éclore n'ont au contraire aucune partie du corps saupoudrée de cendré ou de bleu ; le dessous et les côtés du thorax, l'espace interalaire et les yeux sont jaunâtres. La base et les deux derniers segments de l'abdomen pâles, presque transparents. Le parastigma cendré, transparent. Le côté intérieur des cuisses blanchâtre.

♀. Elle diffère beaucoup du mâle. Sa tête est plus forte, jaune en avant. Les yeux jaune-ferrugineux en dessus, jaune-clair en dessous. Les deux côtés du bord postérieur du collier sont très-relevés, et le milieu, qui est jaune, n'est pas relevé, ce qui le divise en deux lobes latéraux. Le thorax bronzé-noirâtre en dessus avec une ligne latérale courte, suivie en arrière d'un point jaune (ces lignes manquent souvent). Côtés et dessous du thorax jaune-soufre. Espace interalaire bleu pulvérulent chez les adultes, jaune chez les individus récemment éclos. Dessus de l'abdomen vert-bronzé foncé. Les articulations, les côtés et le dessous d'un jaune soufre. Les derniers segments saupoudrés de cendré ainsi que le dessous, mais cela chez les individus très-adultes. Appendices anals noirs, coniques, pointus, rapprochés, de la longueur de la moitié du dernier segment. Pieds jaunâtres. L'extérieur des cuisses, l'intérieur des jambes noirs. Ailes comme chez le mâle, à parastigma d'un brun plus clair.

Habite la Belgique, l'Angleterre, l'Allemagne et la France; vole sur les étangs depuis la fin de mai jusqu'à la fin d'août. C'est en juin qu'elle est commune; les femelles ne paraissent éclore qu'un peu plus tard. Je l'ai retrouvée en Lombardie à la même époque.

Diffère des autres espèces par ses yeux rouges ou jaunes et la couleur bleue ou jaunâtre de l'espace interalaire.

Nº 3. AGRION SANGUINEA. (Vander L.)

AGRIONE SANGLANTE.

Diagnose. — D'un rouge carmin. Thorax brun-bronzé en dessus, avec une raie rouge ou jaune de chaque côté. Pieds noirâtres; espace interalaire rouge-carmin.

Dimensions. — (Voyez le tableau.)

Synonymie. — Agrion sanguinea. Vander L., 1820. De Selys. B. de Fonsc.
— sanguineum. Leach.
— minium. Charp., 1825. Steph. (*adulte*). Burmeister.
— amazon. Hansem., 1823.
Libellula puella. *Var.* β. Lin. Gm. Fabr.
— minius. Harris.
Agrion fulvipes? Stephens (*jeune ?*).
Libellula nymphula. Sulzer.

♂. Devant et dessous de la tête jaune-verdâtre; deux raies transverses

bronzées sur le front, qui est hérissé de poils noirs. Dessus et derrière de
la tête d'un noir bronzé. Yeux roussâtres en dessus , verdâtres en dessous.
Collier transverse très-court , bronzé , bordé de rouge de tous côtés. Le
bord postérieur un peu arrondi et légèrement dilaté. Thorax bronzé en
dessus avec une ligne latérale rouge ; côtés d'un jaune rougeâtre avec deux
lignes obliques noires ; poitrine jaune ; cette dernière partie saupoudrée
de blanchâtre pulvérulent chez les adultes. Espace interalaire rouge. Abdomen rouge-sanguin ; les articulations finement-bronzées ; le dessous plus
clair avec une ligne ventrale noire. Premier segment avec une grande
tache noire ; 2me , 3me , 4me , 5me et 6me avec le bord postérieur légèrement bronzé ; septième bronzé avec la base et l'extrémité rouges ; 8me et
9me bronzés avec l'extrémité rouge ; dixième rouge , un peu échancré. Les
quatre appendices anals égaux en longueur au dernier segment, noirs ,
à peine rouges à la base ; les deux supérieurs arrondis , coniques. Les
deux inférieurs à peine plus courts , cylindriques , un peu courbés en
dedans , bifides à leur extrémité ou munis d'une dent aiguë. (Les appendices anals ont , comme le remarque T. de Charpentier , une certaine
analogie avec ceux de la *Cordulia ænea*). Pieds noirs , légèrement saupoudrés de cendré chez les adultes. Ailes hyalines. Parastigma noirâtre
avec un point central noir.

Chez les mâles qui viennent d'éclore le rouge du thorax
est remplacé par du jaune orangé ; les pieds sont jaunâtres ; le parastigma livide ; les ailes un peu jaunâtres.

♀ . Elle ressemble au mâle, mais le collier n'est pas dilaté, et l'abdomen
diffère en ce que les six premiers segments ont une ligne dorsale bronzée
et que le bord postérieur de ces segments est occupé par une tache bronzée ; les 7me, 8me et 9me comme chez le mâle ; le dixième rouge avec deux
points basilaires bronzés. Les deux appendices anals , roussâtres , à
pointe noire , cylindriques , assez écartés , de la longueur de la moitié
du dernier segment.

Les femelles nouvellement écloses ont les taches de la
tête et du corselet jaunâtres au lieu d'être rouges.

Cette espèce semble habiter toute l'Europe, depuis la
fin d'avril jusqu'au mois d'août, selon les localités. Elle

est très-commune en Belgique, en Angleterre en Italie, etc. Elle se trouve dans les jardins, les bois et souvent loin de l'eau.

Diffère de l'*A. najas* par la couleur rouge de l'abdomen, etc. (Voyez plus bas les différences qu'offre l'*A. rubella*.

N° 4. AGRION RUBELLA. (Vander L.)

AGRIONE ROUGETTE.

Diagnose. — Rouge. Thorax brun-bronzé en dessus. Pieds roussâtres. Espace interalaire rouge.

Dimensions. — (Voyez le tableau.)

Synonymie. — AGRION RUBELLA. Vander L., 1820. Curtis. B. de Fonscol.
    AGRION RUBELLUM. Steph. (*catal.*)
    — RUFIPES. Steph. (*collect.*)
    LIBELLULA TENELLA ? Villiers.

♂. Devant et dessous de la tête rougeâtre-pâle ou jaunâtre ; deux raies transverses bronzées très-étroites sur le front. Dessus et derrière de la tête bronzé avec une ligne postérieure fine rougeâtre à l'occiput. Yeux bruns en dessus, verts en dessous. Collier transverse, court, bronzé, légèrement bordé de rouge ; le bord postérieur un peu arrondi et très-légèrement prolongé au milieu. Thorax noir-bronzé en dessus, rougeâtre pâle en dessous, avec deux lignes latérales noires interrompues. Abdomen rouge sans tâche. Le dernier segment avec une échancrure arrondie. Les quatre appendices anals rouges ; les deux supérieurs très-courts, arrondis ; les deux inférieurs en forme d'épine, courts, pointus, relevés en haut. Pieds rougeâtre-pâle, sans tache. Ailes hyalines. Parastigma d'un brun rougeâtre.

♀. Elle ressemble au mâle, mais le collier n'est pas dilaté en arrière. Le dessous du thorax et de l'abdomen et les pieds sont plus jaunâtres que rougeâtres. Le dessus de l'abdomen est mélangé de noir-bronzé et de rouge, ainsi qu'il suit : 1er et 2me segments rouges ; 3e rouge-bronzé à son extrémité ; 4me, 5me, 6me, 7me et 8me noir-bronzé avec les articulations rougeâtres ; neuvième rouge avec deux points latéraux bronzés ; dixième rouge. Les deux appendices anals extrêmement petits, coniques. Para-stigma brun-clair. Elle varie en ce que les 4me et 8me segments peuvent être presque tout rouges en dessus.

M. de Fonscolombe a recueilli des individus femelles chez lesquels tout le dessus de l'abdomen est rouge, avec une ligne ou tache noire au bord postérieur de chaque segment, à partir du quatrième.

Habite le midi de l'Europe et le nord de l'Afrique; découverte en Italie par Vander Linden; observée en Provence par M. Boyer de Fonscolombe. Elle a été retrouvée en Angleterre par MM. Curtis et Stephens, ce qui est très-remarquable, car elle n'a pas été recueillie jusqu'ici dans le nord de la France ni en Belgique. En Provence elle vole en juin, juillet et août.

Très-distincte de l'*A. sanguinea* par sa taille plus petite, par ses pieds toujours rougeâtres et par la forme des appendices anals.

2me GROUPE.

Le derrière de chaque œil avec une tache plus claire.

Les espèces de ce groupe ne sont jamais colorées en rouge pur. Les mâles, qui diffèrent beaucoup des femelles, ont le bleu pour livrée. Les femelles sont colorées en verdâtre ou en jaunâtre. Ces nuances s'effacent presque entièrement par la dessiccation de l'insecte. Les appendices anals des mâles sont de forme variable, très-courts. La structure du collier varie également et fournit un bon caractère spécifique ainsi que la coloration des 2me et 8me segments abdominaux.

Nº 5. AGRION PUMILIO. (T. DE CHARP.)

AGRIONE NAINE.

Diagnose. — *Le bord postérieur du collier légèrement arrondi. Un point rond derrière chaque œil, bleu (mâle) ou vert (femelle). Abdomen brun-bronzé. Le neuvième segment bleu en dessus.*

Dimensions. (Voyez le tableau.)

Synonymie. — AGRION PUMILIO. T. de Charp.

         — ELEGANS. B. de Fonscol. (*Excl. synon.*)

♂. Tête jaunâtre en avant avec deux lignes transverses noires. Espace entre les yeux noir-bronzé. Deux points ronds azurés derrière les yeux qui sont bleus ou verdâtres. Collier transverse, étroit en avant, noir-bronzé, bordé de tous les côtés par du jaune-bleuâtre. Le bord antérieur et le postérieur relevés. Le postérieur arrondi, prolongé (mais point tuberculé). Thorax noir-bonzé en dessus; une ligne humérale, les côtés et le dessous bleuâtres. Abdomen très-mince, jaune-clair en dessous, noir-bronzé en dessus, avec les articulations des segments étroitement jaunes; la base du premier, la moitié postérieure du 8me et le 9me segment en entier d'un bleu azuré. Le bord postérieur du dixième segment à peine échancré (sans tubercule). Les deux appendices anals supérieurs très-courts, gros, velus, placés sur les côtés; les deux inférieurs une fois plus longs, égalant la moitié du dernier segment, en forme d'épines; blancs, à pointe très-noire un peu courbée en dedans. Pieds jaunâtres avec une ligne noire sur leur côté externe. Ailes hyalines à reflets irisés; leurs nervures très-minces. Parastigma noir du côté du corps; son extrémité postérieure blanche.

Quelquefois le bleu du thorax et des deux premiers segments de l'abdomen est remplacé par du jaune verdâtre. Ce sont sans doute des individus plus jeunes.

♀. Elle a des taches jaunes sur le milieu du collier. Thorax olivâtre-bronzé en dessus, avec une ligne dorsale noire bordée latéralement d'une autre bande bronzée qui est séparée de la première par une ligne jaunâtre; une autre ligne jaunâtre sur les côtés et le dessous de cette couleur. Parastigma presque tout blanc. Le reste comme le mâle. Quelquefois le bleu de l'abdomen est remplacé par du jaunâtre et le dessus du neuvième segment est bronzé comme les autres. Chez les individus jeunes il n'existe qu'une seule bande dorsale bronzée sur le thorax.

Habite la Hongrie et l'Italie supérieure d'après M. Toussaint de Charpentier. M. Boyer de Fonscolombe l'a retrouvée en Provence. C'est la plus petite espèce de Libellulidée connue.

Diffère d'*A. pupilla* (n° 6) par une taille plus petite, une tête proportionnellement plus grosse, et surtout par le neuvième segment de l'abdomen bleu en dessus. (Dans la *Pupilla* c'est le huitième.) La description de l'*A. elegans* de Vander Linden se rapporte à notre *A. pumilio* sous ce dernier rapport; mais la planche et les individus de la collection de Vander Linden sont tous des *Pupilla*. C'est par une faute typographique qu'on lit dans le texte *nono* au lieu de *octavo*, et c'est cette faute qui a induit M. de Fonscolombe à prendre l'*A. pumilio* pour la véritable *A. elegans* de Vander Linden.

N° 6. AGRION PUPILLA. (Hansem.)
AGRIONE PUPILLE.

Diagnose. — Le bord postérieur du collier relevé ou tuberculé. Un point rond derrière chaque œil, bleu (*mâle*), vert ou roussâtre (*femelle*). Abdomen brun-bronzé. Le huitième segment bleu en dessus.

Dimensions. — (Voyez le tableau.)

Synonymie. — Agrion pupilla. Hansem., 1823. De Selys, 1839.
—   tuberculatum. Charp., 1825. Burmeist.
—   zonatum. Leach.
—   ezonatum? Steph.
—   elegans. Vander L., 1820. (*Descript. inexacte.*) Steph. Curtis. de Selys.
—   aglae. B. de Fonscol., 1839.
—   puella *Varietas*. Latr.
—   aurantiaca. B. de Fonscol. 1839. (*Variété femelle.*)

♂. Tête jaunâtre en avant avec deux lignes transverses noires. Espace entre les yeux noir bronzé. Deux points ronds azurés derrière les yeux. Collier transverse, très-étroit en avant, bronzé, à peine jaunâtre sur les côtés. Le bord postérieur très-recourbé et tuberculé ou relevé en une sorte de corne. Thorax noir-bronzé en dessus, avec deux lignes latérales et l'espace entre les ailes bleus. Le dessous un peu verdâtre. Abdomen long relativement aux ailes, très-mince au milieu, jaune-clair en dessous, noir-bronzé en dessus, avec les articulations des segments étroitement jaunes, la base du 1er et le 8me segment bleu-azuré tant en dessus qu'en dessous.

Le dernier segment noir, non échancré, mais offrant à son extrémité un tubercule dorsal bicorne, ou si l'on veut deux petits tubercules latéraux rapprochés. Appendices anals noirs ; les supérieurs courts, obliques, réniformes ; les inférieurs en forme d'épines presque droites, s'écartant en dehors. Pieds jaunâtres, noirâtres en dehors. Ailes hyalines courtes, parastigma noir du côté du corps, son extrémité postérieure blanche.

M. de Fonscolombe m'a adressé une variété du mâle qui est aussi petite que l'*A. pumilio*.

♀. Diffère du mâle en ce qu'il n'y a pas de tubercule sur le dernier segment de l'abdomen ; que celui qui termine le collier dans le mâle est beaucoup moins visible ou presque nul. Il y a aussi une ou deux petites taches jaunes sur le collier. Tout ce qui est bleu au thorax et à la tête est remplacé par du jaune verdâtre. Le huitième segment de l'abdomen conserve sa couleur bleue. L'abdomen est un peu déprimé à son extrémité. Le parastigma grisâtre ou blanchâtre avec une tache noirâtre au milieu.

Var. α violette. Le bleu remplacé par du violet, excepté l'espace entre les ailes et le huitième segment de l'abdomen, encore celui-ci est souvent grisâtre.

Var. β rougeâtre (femelle.) On ne trouve que des femelles de cette variété remarquable, qui ressemble à s'y méprendre à l'Agrione que j'ai nommée *Aurantiaca*. Ici toute la couleur claire de la tête, du thorax, deux taches sur le collier et les côtés du 1er et du 2me segment de

l'abdomen sont d'un jaune rougeâtre ; le huitième segment gris-obscur ou bleu ; le *thorax sans autre tache
qu'une dorsale longitudinale noire sur le mésothorax.*
Cette disposition est la même que chez l'*Aurantiaca.* J'ai
souvent pris cette variété femelle accouplée avec des
mâles ordinaires. C'est cette variété que M. B. de Fonscolombe a décrite et figurée sous le nom d'*Aurantiaca.*

L'*A. pupilla* semble habiter toute l'Europe. Elle est
commune sur les étangs depuis la fin de mai jusqu'au
commencement d'octobre, selon les localités. En Belgique, la variété femelle rougeâtre se voit surtout en
août.

Le mâle se distingue de toutes les autres espèces à la
couleur bleue du huitième segment de l'abdomen, et au
tubercule du dixième. Quant à la femelle type, elle diffère
de celles des *Puella, Pulchella* et *Hastulata* par la forme
arrondie et non *cunéiforme* des taches qui se trouvent
derrière les yeux, et par la structure du collier. Elle est
aussi plus petite. Elle se distingue de la femelle de *Pumilio* en ce qu'elle est plus grande, et que le huitième et non
le neuvième segment est bleu ou pâle.

Peut-être l'espèce que j'ai mommée *Aurantiaca*, n'est-
elle qu'une variété femelle encore plus prononcée que la
variété rougeâtre décrite ci-dessus. C'est ce qui fait que
je n'ose la donner sous un numéro séparé ; quoi qu'il en
soit, voici sa description :

N° 6 *bis.* AGRION AURANTIACA. (DE SELYS.)

AGRIONE ORANGÉE.

Diagnose. — D'un bel orangé. Collier à bord postérieur relevé. Un point rond derrière chaque œil, et les deux premiers segments de l'abdomen orangés. Les nervures des ailes jaunâtres (*femelle*).

Synonymie. — AGRION AURANTIACA. De Selys, 1837.
— XANTHOPTERUM. Stephens. (*Catalogue.*)
— RUBELLA *Varietas*. Curtis, vol. 6, pl. 732.

♀. Tête jaunâtre en dessous, rousse en avant, avec deux lignes transverses noir-bronzé sur la face. Espace entre les yeux noir-bronzé. Derrière de la tête jaune-orangé, formant, derrière les yeux deux taches arrondies, réunies par une petite ligne. Yeux d'un vert jaunâtre. Collier comme chez l'*A. tuberculata*, mais à bord postérieur simplement relevé. Ce collier est largement orangé sur les côtés, ainsi que le bord postérieur ; le dessus offre une tache un peu carrée, noir-bronzé, qui a deux petits points orangés. Thorax jaune-citron en dessous, orangé sur les côtés avec une étroite bande dorsale bronzée sur le mésothorax. Espace interalaire orangé. Abdomen d'un jaune-verdâtre en dessous. Premier segment orangé en dessus avec un très-petit point dorsal noir ; deuxième orangé avec un vestige de point basal et un cercle au bord postérieur noirs ; troisième noir-bronzé, orangé à la base ; 4me, 5me, 6me, 7me, 8me et 9me, noir-bronzé, avec les articulations et les côtés orangés ; dixième orangé, noir à sa base, à bord postérieur à peine échancré. Appendices anals très-petits, coniques, pointus, jaunâtres (dans la femelle de l'*A. pupilla*, ils ont la même forme, mais sont noirs). Pieds jaunâtres, une seule ligne très-étroite sur les jambes antérieures et toutes les épines noires. Ailes hyalines, à nervures jaune-roussâtre. Parastigma jaunâtre (le parastigma semble arrondi ; il est plus en losange dans l'*A. pupilla*).

Décrite d'après un seul individu pris près de Liége au mois d'août, par M. Alex. Carlier, qui a eu la bonté de me le remettre. MM. Curtis et Stephens, m'en ont montré qu'ils ont recueilli en Angleterre, mais je ne saurais affirmer si les pieds et le collier sont toujours de même. Celui qu'a figuré M. Curtis a le 8me segment bleu, ce qui semble indiquer que ce n'est qu'une variété de la *Pupilla*. La couleur roussâtre des nervures peut aussi n'être qu'accidentelle, d'autant plus que l'*Aurantiaca* est excessivement rare partout, et que le mâle est jusqu'ici inconnu. Car M. de Fonscolombe en a trouvé un individu en Provence, et j'en ai vu d'autres qu'on a reçus du Sénégal et du Nil : tous sont des femelles.

Diffère principalement de la variété *rougeâtre* de l'*A. pupilla*, par la couleur orangée des trois premiers segments de l'abdomen, *de tout l'occiput* et des pieds (à l'exception de la ligne noire sur les tibias antérieurs). Le collier est aussi tacheté différemment.

La coloration a quelque ressemblance avec celle de la femelle de l'*A. rubella*, mais dans cette dernière le derrière des yeux est noir sans tache.

N° 7. AGRION PULCHELLA. (Vander L.)

AGRIONE GENTILLE.

Diagnose. — Le bord postérieur du collier avec deux échancrures profondes. Une tache oblongue azurée derrière chaque œil. Abdomen brun-bronzé, la base des segments azurée ; le second chez le mâle azuré avec une tache noire fourchue, imitant imparfaitement la lettre V, et touchant en arrière le bord postérieur.

Dimensions. — (Voyez le tableau.)

Synonymie. — Agrion pulchella. Vander L., 1820. De Selys. Fonscol. Curtis.
— interruptum. T. de Charp., 1825. Burmeister.
— puella. Hansem. Steph.
Libellula puella. *Varietas* L.
Agrion puella. *Varietas* Latr.

♂. Lèvre inférieure blanchâtre, le reste du dessous de la tête azuré ; deux lignes noires sur la face. Dessus des yeux noir ; une tache triangulaire bleue derrière chaque œil ; l'occiput noir ; ces deux taches souvent réunies par une petite ligne bleue entière ou interrompue au milieu. Collier large, un peu carré, avec deux échancrures profondes en arrière, de manière à paraître trilobé ; il est noir-bronzé, finement bordé de bleu et avec un point de cette couleur de chaque côté. Mésothorax azuré avec

11

quatre stries larges, noires en dessus, presque toujours confluentes en arrière. L'espace interalaire bleu. Côtés du métathorax d'un bleu plus pâle, avec deux petites lignes courtes noires. Abdomen long, plus mince que chez toutes les autres espèces d'Agriones. Le dessous des deux premiers segments est bleuâtre; celui des suivants jaune-clair; les 8me et 9me bleus, et le 10me noir. Le dessus est coloré ainsi qu'il suit : premier segment azuré avec une tache basale noire touchant le thorax; deuxième azuré avec une grande tache dorsale fourchue en forme de V imparfait (l'ouverture de la fourche regarde le thorax). Cette tache noire touche en arrière le bord postérieur du segment, qui est aussi noir-luisant. Les 3me, 4me et 5me segments d'un noir bronzé en dessus, avec une tache basale, bifide, azurée, dont la longueur n'égale que le tiers ou le quart du segment; les 6me et 7me aussi noir-bronzé, mais avec une tache basale azurée beaucoup plus petite. tellement qu'au 7me elle ne forme qu'un anneau étroit, interrompu au milieu; huitième azuré en entier avec le bord postérieur noir-bronzé; dixième noir-bronzé. Un faible espace bleu sur les côtés, et le bord postérieur profondément échancré. Les appendices anals semblent au nombre de six; les deux supérieurs sont coniques. droits, noirs à la base, blanchâtres à leur extrémité; les intermédiaires ou surnuméraires semblent insérés plus latéralement et sont noirs, courbés; les inférieurs obtus, blanchâtres. Pieds bleus. L'extérieur des cuisses, l'intérieur des jambes noirs. Ailes hyalines. leurs nervures noires. Parastigma noir.

♀. Elle a la tête, le collier et le thorax comme le mâle, mais d'un bleu blanchâtre plus clair, et les stries noires du thorax ne sont pas confluentes en arrière. La couleur bleue des segments de l'abdomen est moins vive, le premier segment est tacheté comme chez le mâle. La tache du second segment n'est pas fourchue, mais elle finit, en avant, en trois lobes et touche en arrière au bord postérieur; les 3me, 4me, 5me, 6me et 7me noir-bronzé, ayant seulement à leurs articulations un anneau bleu, étroit, interrompu au milieu; le huitième azuré avec deux points latéraux, une tache dorsale postérieure ou deux petites lignes longitudinales noires distinctes; les 9me et 10me noir-bronzé, avec un anneau bleu à la base et le bord postérieur à échancrure aiguë. Les deux appendices anals, coniques, horizontaux, noirs. Les pieds et les ailes comme chez le mâle.

On rencontre des variétés de la femelle dans lesquelles le petit anneau bleu des segments abdominaux se dilate sur les 3e, 4e, 5e et 6e segments, en une tache basale bifide qui occupe plus du tiers du segment. Cette variété, qui est aussi commune que la femelle ordinaire, est la seule décrite par Vander Linden.

Habite probablement toute l'Europe ; observée en Angleterre, en Allemagne, en France, en Italie, ainsi qu'en Algérie. En Belgique elle paraît depuis la fin de mai jusqu'en juillet, selon les localités. On la trouve sur les étangs.

Distincte de ses congénères par les deux échancrures du bord postérieur du collier. Le mâle s'en distingue en outre à la forme de la tâche noire du deuxième segment, à celle des appendices anals, etc.

M. de Fonscolombe, qui l'a observée en Provence jusqu'à la fin d'août, lui donne une taille beaucoup plus petite que celle des individus de Belgique.

N° 8. AGRION PUELLA. (Vander L.)

AGRIONE VIERGE.

Diagnose.—Le bord postérieur du collier légèrement bi-sinué ; une tache oblongue derrière chaque œil, et l'abdomen du mâle azurés. Les segments annelés de noir ; le second avec une tache noire fourchue isolée, représentant la lettre U, avec des angles aigus. Les taches occipitales de la femelle vertes, et l'abdomen brun-bronzé en dessus.

Dimensions. — (Voyez le tableau.)

Synonymie.—Agrion puella. Vander L., 1820. B. de Fonscol.? De Selys.
        — pupa. Hansem., 1825.
        — furcatum. Charp., 1825. Steph. Burmeister.
        — cingulatum. Steph. MSS.
        — annulare.?? Leach. Steph.

♂. Tête comme chez *A. pulchella*. Collier coloré de la même manière, mais le bord postérieur beaucoup moins échancré, de manière à offrir seulement trois festons peu proéminents, arrondis. Le thorax aussi de même, avec cette différence que les stries noires ne sont jamais confluentes en arrère, et ne sont, par conséquent, pas en alignement avec l'espace bleu interalaire. La couleur azurée de l'abdomen est moins vive ou moins foncée que chez *Pulchella*, et les côtés et le dessous sont presque toujours bleu-clair, ne passant que fort peu et fort rarement au jaunâtre. Premier segment azuré avec une tache basale noire ; 2° azuré avec une tache noire de la forme d'un carré à angles extérieurs aigus, dont l'un des côtés (celui qui regarde le thorax) manque. Cette tache est toujours isolée et ne touche pas en arrière au bord postérieur du segment qui est noir bronzé. Les 3me, 4me et 5me segments azurés avec le bord postérieur noir-bronzé (la couleur bleue occupe les trois quarts de ces segments) ; sixième noir-bronzé avec une tache basale bifide azurée ; le septième noir, mais avec un anneau basal étroit azuré ; les 8me, 9me et 10me colorés comme chez *Pulchella*, avec cette différence qu'il y a moins d'azuré sur le huitième segment qui porte toujours une tache dorsale noire, occupant souvent tout le dessus du segment ; le bord postérieur du dixième avec une échancrure arrondie. Appendices anals très-courts, noirâtres, au nombre de quatre ; les supérieurs coniques, les inférieurs un peu courbés, non divergents. Pieds et ailes comme chez *Pulchella*.

♀. Elle n'a presque pas de bleu. Elle est d'un vert jaunâtre ou roussâtre pâle. Les taches foncées sont plutôt d'un verdâtre bronzé que d'un noir bronzé. Le premier segment de l'abdomen comme chez le mâle ; le deuxième blanc-bleuâtre avec une grande tache bronzée un peu conique en avant, ayant en arrière deux lobes latéraux arrondis et cohérents avec le bord postérieur ; les 3me, 4me, 5me, 6me et 7me d'un blanc bleuâtre ou verdâtre ; bronzés en dessus ; leurs articulations formant un léger cercle bleuâtre ou verdâtre ; les 8me, 9me et 10me bleus, avec une grande tache bronzée. Les deux appendices anals obtus, coniques, noirs, à pointe velue. Les pieds et les ailes comme chez le mâle.

Il existe des variétés femelles où les 3me, 4me, 5me et 6me segments offrent une tache basale bifide d'un bleu verdâtre, à peu près comme chez la variété analogue de l'*A. pulchella*.

Elle semble comme la précédente commune dans toute l'Europe. On la trouve sur les étangs depuis le commencement de juin jusqu'à la fin d'août. En Belgique, elle paraît quelques jours plus tard que la *Pulchella*.

Après la forme du collier, le meilleur moyen de distinguer cette espèce de la *Pulchella* existe dans la disposition
de la tache noire fourchue du deuxième segment. Dans la
Puella elle est isolée, libre; dans les trois autres espèces
elle est cohérente avec le bord postérieur [1]. La femelle est
plus difficile à reconnaître; elle diffère de celle de la *Pulchella* par la forme du collier et moins de bleu dans la
coloration; de celle de l'*A. hastulata* par la forme du
collier.

M. de Fonscolombe annonce avoir trouvé, quoique
rarement, la *Puella* accouplée avec la *Pulchella*. Je soup-
çonne qu'ici il y a erreur, et que l'auteur aura été trompé
par la ressemblance de couleur que la femelle offre quelquefois avec celle de la *Pulchella*.

N° 9. AGRION HASTULATA. (T. de Charp.)

AGRIONE PORTE-HACHE.

Diagnose. — Le bord postérieur du collier presque droit; une tache oblongue
derrière chaque œil et l'abdomen du mâle azurés; les segments annelés de noir;
le second avec une tache noire, imitant la lettre T à tête arrondie, et touchant en
arrière le bord postérieur du segment. Les taches occipitales de la femelle vertes, et
l'abdomen brun-bronzé en dessus.

Dimensions. — (Voyez le tableau.)

Synonymie. — AGRION HASTULATUM. T. de Charp., 1825. Steph., 1825.
    —   RUFESCENS? Leach. Steph. (*recens natus?*).

♂. Tête à peu près comme celle de l'*A. pulchella*. Collier noir-bronzé,
bordé partout d'azuré; le bord postérieur un peu relevé en un angle très-

---

[1] M. Boyer de Fonscolombe, à qui j'ai communiqué mes observations sur la distinction des *A. puella* et *pulchella*, postérieurement à la publication de sa *Monographie*, a bien voulu examiner les individus de sa collection sous le rapport de la
coloration du deuxième segment, et je dois prévenir qu'il n'a pas trouvé ce caractère
invariable, comme M. de Charpentier et moi l'avions rencontré, et que notamment
la tache en U de *Puella* serait parfois cohérente en arrière, et que celle en V de *Pulchella* serait comme rameuse dans certains individus; mais M. de Fonscolombe

peu saillant. Thorax azuré. Une raie dorsale et une ligne de chaque côté d'un
noir bronzé. Premier segment très-court, avec une très-petite tache noire
transverse près du thorax; deuxième avec deux lignes longitudinales à la
base de chaque côté, et une tache noire dorsale en arrière, semblable à un T
dont la tête serait arrondie et tournée vers le thorax , ou bien si l'on veut
à une petite hache. La queue touche le bord postérieur qui est également
noir. 3ᵉ, 4ᵉ et 5ᵉ segments avec le bord postérieur noir-bronzé (la couleur
bleue occupe les trois quarts de ces segments); sixième par moitié noir-
bronzé en arrière, azuré en avant; septième noir, mais avec un anneau
basal étroit azuré. 8ᵐᵉ et 9ᵐᵉ segments sans taches, mais la couleur bleue
pulvérulente et sans éclat; dixième noir. azuré sur les côtés; le bord
postérieur très-échancré. Les quatre appendices anals d'un noir luisant;
les deux supérieurs placés sur les côtés, obliques, très-courts, réniformes; les inférieurs un peu semi-circulaires ou en forme de cornes
recourbées en dedans. Entre ces appendices sont cachés deux corps ou
corpuscules mous. réniformes, comme vésiculeux, couleur de chair, qui se
gonflent et forment en dehors une pointe aiguë si on les presse avec le
doigt; aucune autre espèce européenne ne présente ce caractère. Pieds
blanchâtres , noirs en dehors. Ailes hyalines. Parastigma brun ou noir.

♀. Le fond de la tête et du thorax est jaunâtre au lieu d'être azuré.
L'abdomen est jaunâtre passant quelquefois au verdâtre marqué en dessus
de vert-bronzé. Le premier segment a une grande tache bronzée; le
deuxième une grande tache semblable occupant tout le segment d'un bout
à l'autre , et formant en arrière un petit crochet latéral; les autres segments vert-bronzé, mais une petite ligne jaune à la base de leur articulation. Appendices anals noirâtres, courts, coniques. Les pieds pâles,
à peine marqués de noir en dehors.

Chez une variété ou du moins chez les individus nouvellement éclos, tout le bleu est remplacé par du roussâtre pâle un peu pourpré dans les deux sexes. Les pieds

n'ayant pas vérifié la forme du collier, et parlant d'une distinction tranchée dans
celle du parastigma que moi je n'ai pas remarquée, on me permettra de suspendre
tout jugement sur l'identité spécifique des deux Agriones recueillies en Provence
par M. de Fonscolombe, jusqu'à ce que j'aie ses individus types sous les yeux, attendu
qu'en Belgique et en Allemagne nous n'avons jamais observé de variation dans les
formes que nous avons décrites.

roussâtres, légèrement marqués de noirâtre en dehors. Le parastigma livide. Peut-être est-ce l'*A. rufescens* des auteurs anglais.

L'*Agrion hastulata* a été découverte en Saxe et en Silésie, par M. T. de Charpentier. Elle y est commune. M. Stephens l'a retrouvée en Angleterre, et M. le professeur Wesmael en Belgique, près de Bruxelles. Enfin elle existe aussi dans le midi de l'Europe, car M. Robyns l'a reçue d'Espagne.

Elle est cependant plus rare et moins généralement répandue que ses congénères. On l'a presque toujours confondue avec l'*A. puella*, à laquelle elle ressemble beaucoup il est vrai. Les meilleurs caractères pour la distinguer sont, pour le mâle : la forme de la tache noire du deuxième segment et celle des appendices anals ; pour la femelle : la forme du collier et moins de largeur dans les raies noires du thorax.

N° 10. AGRION LINDENII. (Nobis.)

AGRIONE DE VANDER LINDEN.

Diagnose. — Le bord postérieur du collier presque droit ; une tache oblongue derrière chaque œil et l'abdomen du mâle azurés ; les segments annelés de noir ; le second avec une tache noire un peu en croix , *touchant les deux bords du segment.* Appendices anals supérieurs grands, semi-circulaires (*mâle*).

Dimensions. — (*Voyez le tableau.*)

Synonymie. — (*Espèce inédite.*)

♂. Tête comme chez *Pulchella* et *Hastulata.* Collier comme celui d'*Hastulata*, mais le bord postérieur encore moins prolongé et un peu plus relevé. Thorax comme *Hastulata.* Abdomen à peu près comme *Hastulata*, mais le premier segment avec une grande tache noire en-dessus ; la tache dorsale noire du deuxième segment prolongée depuis le bord antérieur jusqu'au postérieur, croisée par une sorte de tache de même couleur

qui rappelle la tête du T de l'*A. hastulata*. Les autres segments colorés à
peu près comme *Hastulata*, avec cette différence que la tache noire postérieure des 3ᵉ, 4ᵉ et 5ᵉ offre un prolongement ou pointe dorsale antérieure qui occupe les 3/4 du segment. Le dixième segment un peu échancré. Les deux appendices anals supérieurs aussi longs que le dernier
segment, noirs, semi-circulaires ou en forme de cornes tournées en dedans, leur pointe mousse, un peu fléchie en bas ; les deux inférieurs
ayant à peine le tiers des supérieurs, réniformes, blancs, à pointe noire
tournée en dedans. Pieds et ailes comme *A. hastulata*, mais le parastigma
d'un brun jaunâtre.

♀. Je ne connais pas la femelle, mais j'ai reçu de M. Curtis une note
sur un individu qui pourrait bien la désigner. Le collier est noir, légèrement prolongé ; en entier bordé de bleu comme celui du mâle. Le premier
segment de l'abdomen est bleu avec une bande dorsale noire ; le deuxième
de même, mais la bande rétrécie au milieu ; le dixième bleu, noir à la
base, assez échancré à son bord postérieur. Les deux appendices anals
coniques, rapprochés, à pointes noires. M. Curtis pensait que c'était la
femelle de l'*A. annulare* de Leach, qui répond, je crois, à *Puella* ou
Pulchella.

Décrite sur un seul individu de Belgique que je dédie
à la mémoire de Vander Linden, mon compatriote, qui,
le premier, a éclairci l'histoire des Agriones d'Europe.

Cette espèce est sans doute fort rare, car je n'en ai encore trouvé qu'un seul individu. Sa coloration se rapproche de celle de l'*A. hastulata,* mais la forme des taches
dorsales noires l'en distingue ainsi que des deux espèces
précédentes. Les appendices anals supérieurs sont aussi
tout différents, et rappellent, par leur forme semi-circulaire, ceux du genre *Lestes*. Dans l'*A. hastulata*, les appendices inférieurs sont semi-circulaires et plus grands
que les supérieurs ; dans l'*A. Lindenii,* le contraire a lieu.
Cette proportion ne se retrouve dans aucune autre Agrione
de ce groupe.

Si, comme il est probable, les dimensions assignées à

son *Agrion cærulescens* par M. B. de Fonscolombe sont exactes, ce serait une nouvelle espèce qui se placerait près de l'*A. hastulata*, à laquelle elle paraît ressembler beaucoup, mais dont elle différerait par une taille aussi petite que l'*A. pupilla*, dont elle est peut-être aussi très-voisine. Les 8me et 9me segments, sont en partie noirs, tandis qu'ils sont tout bleus dans l'*Hastulata*. Quoi qu'il en soit, voici la description d'après M. de Fonscolombe :

N° 11. AGRION CÆRULESCENS. (B. de Fonscol.)

AGRIONE BLEUÂTRE.

Diagnose. — Tête et thorax noirs en dessus ; une tache verte derrière chaque œil, une strie de part et d'autre, et les côtés du thorax roussâtres (*mâle*) ou jaunes (*femelle*). Abdomen brun-bronzé ; la base des segments bleue ; le parastigma triangulaire.

Dimensions. — Longueur du mâle 11 lignes $\frac{1}{4}$, femelle 11 lignes $\frac{1}{2}$.
Envergure du mâle 14 lignes $\frac{3}{4}$, femelle 15.

Synonymie. — Agrion cærulescens. B. de Fonscol., 1839. Pl. *mâle*.

♂. Tête bronzée sur le vertex, jaunâtre sur le devant avec des lignes et des taches bronzées ; une tache ronde verte derrière chaque œil. Thorax noir-bronzé, avec deux bandes dorsales et les côtés rougeâtres. Les six premiers segments de l'abdomen bleus en dessus à leur côté antérieur, bronzés en arrière ; la couleur bronzée plus ou moins sinuée sur les côtés qui sont d'un jaune verdâtre pâle ainsi que le dessous de l'abdomen. *Le septième segment en entier d'un bleu cendré ;* les 8me et 9me comme les six premiers, c'est-à-dire *bleus en avant, noirs en arrière ;* quelquefois les 6me et 7me sont tout à fait bronzés en dessus ; tous très-légèrement tachés de jaune à leur base. Cuisses pâles en dessous, noires en dessus. Jambes pâles, avec une seule ligne noire ordinairement vers le côté extérieur. Parastigma triangulaire, semblable à celui de l'*A. pulchella.*

♀. Elle est assez semblable au mâle, excepté que les bandes dorsales et les côtés du thorax sont quelquefois plutôt jaunes que rougeâtres. Le devant des segments à peine d'un gris bleuâtre, et la partie postérieure

bronzée couvre presque tout le segment ; mais le jaune des segments s'é-
tend plus que dans la femelle de l'*A. pupilla*, et échancre plus profondément la couleur bronzée. D'un autre côté les trois derniers segments au
contraire sont presqu'en entier d'un vert un peu bleuâtre, avec deux
taches noirâtres seulement sur les 8mo et 9mo.

Ressemble à la *Pulchella* par les caractères spécifiques,
n'en différant guère que par les bandes rouges ou jaunes
du thorax, et les deux avant-derniers segments mi-parti
bleus et noirs comme les autres, tandis qu'ils sont tout
bleus dans la *Pulchella;* mais elle se distingue au premier coup d'œil par la nuance plus pâle de la couleur
bleue.

Découverte aux environs d'Aix en Provence, par
M. Boyer de Fonscolombe. Elle y est rare.

Pour décider si cette espèce est nouvelle, il faudrait
connaître la forme *des appendices anals,* du *collier* et
la couleur du *deuxième segment* de l'abdomen.

TABLEAU

DES

DIMENSIONS DES LIBELLULIDÉES

D'EUROPE.

TABLEAU

Des Dimensions des Libellulidées *d'Europe.*

ESPÈCES.	LONG^r del'abdomen.	LONG^r de l'aile infér.	LONG^r du parastig.	Observations.
	lignes.	lignes.	lignes.	
Libellula quadrimaculata. . ♂.	14	15 à 17	1 ¼	Longueur des appendices anals 1 ¼.
— — ♀.	12 à 13			
— depressa.	11 ½	15 à 16	1 ½	
— conspurcata. . . ♂.	12¼ à 13	15½ à 17	1 ¼ à 1 ½	
— — ♀.	12			
— cancellata . . . ♂.	14	17	1 ½	
— — ♀.	13 ¼	16	1 ¼	
— cærulescens . . ♂.	12 à 13¼	14 ½ à 16	1	
— — ♀.	12 à 12¼	16	1 ¼	
— olympia	11	12 à 13	1 ½	
Var. *Major*	12½ à 13	14	1 ½	Sur le mâle et la femelle plus grands, à ailes jaunâtres.

ESPÈCES.	LONG^r del'abdomen.	LONG^r de l'aile infér.	LONG^r du parastig.	Observations.
— ferruginea	11 à 12	13 à 13 ½	1 ⅔	Une variété plus petite ne donne que 9 ½ pour l'abdomen et 12 pour l'aile.
— pædemontana . . ♂.	9 ½	11 à 11 ½	1	Je n'ai pu mesurer qu'une seule femelle.
— — ♀.	8 ½	10		
— flaveola.	11	12 à 13	1	Les femelles ont en général les ailes plus grandes que les mâles.
— roeselii . . . . ♂.	11 ¾	13 à 13 ½	1	L'abdomen est toujours notablement plus court que l'aile inférieure.
— — ♀.	9 ½ à 11 ¼	11 à 13 ½		
— fonscolombii	10 ½ à 12	11 ½ à 13 ½	1 ½	L'abdomen est toujours plus court que l'aile inférieure.
— vulgata	10 ½ à 12 ½	11 ½ à 13	1 ⅓	L'abdomen est toujours un peu plus court que l'aile inférieure.
— scotica . . . . ♂.	8 à 9	9 ½ à 10 ½	½ à 1	La variété la plus petite est des Alpes, la plus grande des Ardennes.
— — ♀.	8 à 10	9 ½ à 1		
— nigra . . . . . ♂.	11	3 ¾	¾	Sur le seul individu pris par Vander Linden à Terracine.
— alnifrons	10	11	⅚	D'après M. Burmeister.
— rubicunda. . . . ♂.	12	12 ½	⅚	Sur les individus des Alpes et de Belgique.
— — ♀.	11	12 ½	1	

ESPÈCES.	LONG^r de l'abdomen.	LONG^r de l'aile inférieure.	LONG^r du parastig.	LONG^r des appendices anals sup.	Observations.
	Lignes.	Lignes.	Lignes.	Lignes.	
Libella binaculata . ♂.	18	18	$1\frac{3}{8}$	$1\frac{1}{2}$? ♂	
Cordulia flavomaculata. .	16 à 16½	16	$1\frac{1}{4}$	$1\frac{1}{3}$ ♂	Appendices anals de la femelle $1\frac{1}{2}$.
— metallica . . .	16 à 17	15 à 16	1	$1\frac{1}{4}$ ♂	Appendices anals de la femelle 2, et la lame vulvaire $1\frac{1}{2}$.
— alpestris . . .	14½	14 à 15	1	$1\frac{1}{4}$ ♂	Appendices anals de la femelle 1.
— ænea	16	15 à 16	1	$1\frac{1}{4}$	
— curtisii	14½	15½	$1\frac{1}{8}$	$1\frac{1}{4}$	
Gomphus unguiculatus. ♂.	16 à 17	15	$1\frac{1}{2}$	$1\frac{1}{2}$	Un individu mâle du nord de l'Afrique a : abdomen $14\frac{1}{2}$ — aile infér. $11\frac{1}{2}$.
— — ♀.	14	14	1 à $1\frac{1}{2}$	$\frac{1}{2}$	
— pulchellus . . .	16 à 17	13	$1\frac{1}{2}$	$\frac{1}{2}$ ♂	Appendices anals de la femelle $\frac{1}{3}$.
— simillimus . . .	14	13	$1\frac{1}{8}$	$\frac{1}{2}$ ♂	Sur un individu mâle.
— forcipatus . . .	14 à 15	13	$1\frac{1}{4}$	$\frac{1}{2}$ ♂	Appendices anals de la femelle $\frac{1}{3}$.
— flavipes	16	14	2	$\frac{1}{2}$ ♂	Sur un individu mâle.

ESPÈCES.	LONG^r de l'abdomen.	LONG^r de l'aile inférieure.	LONG^r du parastig.	LONG^r des appendices anals sup.	Observations.
— serpentinus . . .	10½	14½	?	?	D'après M. Burmeister.
— selysii . . . ♀.	18	15	2	$\frac{3}{4}$ ♀	Sur l'individu type recueilli par M. Guérin.
Lindenia tetraphylla . ♀.	21	10	$2\frac{3}{4}$	$\frac{1}{2}$	
Cordulegaster annulatus .	24 à 25	19 à 21	2	$\frac{3}{4}$ ♂	Appendices anals de la femelle $\frac{1}{2}$, sa lame vulvaire 3, dépasse de 2 l'extrémité de l'abdomen.
Æschna vernalis . . ♂.	19	16 à 17	2	$2\frac{1}{3}$	
— — ♀.	17		2	$2\frac{1}{4}$	
— mixta	20 à 21	18	$1\frac{3}{4}$	2 ♂	Appendices anals de la femelle $2\frac{1}{4}$.
— affinis	20 à 21	18 à 19	$1\frac{3}{4}$ à 2	$1\frac{3}{4}$ ♂	Appendices anals de la femelle $1\frac{3}{4}$.
— maculatissima. ♂.	24	22	$1\frac{1}{4}$	$2\frac{1}{2}$	
— — ♀.	26	23	$1\frac{1}{3}$	2	
— juncea	20	23	2	2	Sur un individu de la collect. de M. Curtis.
— irene	24	20 à 21	$1\frac{1}{8}$	$2\frac{1}{2}$ ♂	Appendices anals de la femelle 2.
— grandis	24	21	$1\frac{3}{4}$ à 2	$2\frac{1}{3}$ ♂	Append. anals de la femelle $1\frac{3}{4}$, longueur de la membranule accessoire $1\frac{1}{4}$.
— rufescens . ♂.	21	18	$1\frac{3}{4}$	$2\frac{1}{4}$	Longueur de la membranule accessoire 3.
— — ♀.	23	19 à 20	2	$1\frac{1}{2}$	

ESPÈCES.	LONG.r de l'abdomen.	LONG.r de l'aile inférieure.	LONG.r du parastig.	LONG.r des appendices anals sup.	Observations.
	Lignes.	Lignes.	Lignes.	Lignes.	
Anax formosa . . . ♂.	26				
— — . . . ♀.	23	22 à 23	$2\frac{1}{2}$	$2\frac{1}{6}$ ♂	Appendices de la femelle 2. Appendices infér. du mâle $\frac{5}{6}$.
— parthenope	21 à 22	20 à 21	2	$2\frac{1}{2}$ ♂	Appendice infér. mâle $\frac{1}{3}$.
— mediterranea . ♂.	22	21	$2\frac{1}{4}$	$2\frac{1}{4}$	Appendice infér. mâle $\frac{2}{4}$.
Calepteryx virgo . . ♂.	17	$13\frac{1}{2}$ à 15	0	$\frac{3}{4}$	Largeur de l'aile infér. $4\frac{3}{4}$ à $5\frac{1}{4}$.
— — ♀.	$16\frac{1}{2}$ à 17	14 à 16	0 ou $\frac{3}{4}$	—	
— ludoviciana ♂.	17	13 à 14	0	$\frac{3}{4}$	Largeur de l'aile infér. $3\frac{3}{4}$ à 4.
— — ♀.	16 à 17	14 à $15\frac{1}{2}$	0 ou $\frac{2}{3}$	—	
Var. ♂ *Xanthostoma?*	$16\frac{1}{2}$	$12\frac{1}{2}$	—	$\frac{1}{3}$	Largeur de l'aile infér. 4.
Cal. hæmorrhoidalis . ♂.	17	13 à 14	—	$\frac{1}{4}$	Largeur de l'aile infér. 4.
— — ♀.	$16\frac{1}{2}$ à 17	$14\frac{1}{2}$ à 16	$\frac{1}{3}$	—	Largeur de l'aile infér. 4 à $4\frac{1}{4}$.
Lestes veridis . . . ♂.	$16\frac{1}{4}$	$11\frac{1}{2}$	$\frac{3}{4}$	$\frac{2}{3}$ ♂	Diamètre transversal de la tête à peine $2\frac{1}{2}$.

ESPÈCES.	LONG.r de l'abdomen.	LONG.r de l'aile inférieure.	LONG.r du parastig.	LONG.r des appendices anals sup.	Observations.
— — ♀.	15	12	$\frac{3}{4}$		
— picteti . . . ♂.	$14\frac{1}{4}$	10	$\frac{1}{2}$	$\frac{1}{2}$ ♂	Diamèt. transv. de la tête $2\frac{1}{4}$. — La femelle est plus grande selon Mr de Charpentier.
— sponsa . . . ♂.	$13\frac{1}{2}$	9	$\frac{3}{4}$	$\frac{2}{3}$ ♂	Diamètre transversal de la tête 2.
— — ♀.	$12\frac{1}{2}$	$10\frac{1}{2}$		—	
— nympha . . . ♂.	14	$10\frac{1}{2}$			
— — ♀.	13	11	$\frac{3}{4}$	$\frac{3}{4}$ ♂	Diamètre transversal de la tête $2\frac{1}{2}$.
— barbara.	$13\frac{1}{2}$ à 14	9 à $11\frac{1}{2}$	1	$\frac{1}{2}$ ♂	Diamètre transversal de la tête $2\frac{1}{2}$, chez un autre $1\frac{1}{2}$.
Sympecma fusca	13	$9\frac{1}{2}$ à 10	$\frac{2}{3}$	$\frac{1}{2}$ ♂	Diamètre transversal de la tête 2.
				DIAMÈTRE transversal de la tête.	
Agrion najas . . . ♂.	13	9 à $9\frac{1}{2}$	$\frac{1}{3}$	$2\frac{1}{6}$	Appendices du mâle $\frac{1}{6}$.
— — ♀.	13	9 à 11			
— sanguinea . . ♂.	13	$9\frac{1}{2}$	$\frac{1}{3}$	2	Appendices du mâle $\frac{1}{3}$.
— — ♀.	13	$10\frac{1}{2}$ à $11\frac{1}{2}$			
— rubella . . ♂.	11 à 12	7 à $7\frac{1}{2}$	$\frac{1}{4}$	$1\frac{3}{4}$	
— — ♀.	11 à 12	9			

ESPÈCES.	LONG^r de l'abdomen.	LONG^r de l'aile inférieure.	LONG^r du parastig.	DIAM^{re} transversal de la tête.	Observations.
	Lignes.	Lignes.	Lignes.	Lignes.	
AGRION PUMILIO	$9\frac{1}{2}$	$5\frac{1}{2}$	$\frac{1}{5}$	$1\frac{1}{2}$	
— PUPILLA . . ♂.	$11\frac{1}{2}$	$7\frac{1}{2}$	$\frac{1}{5}$	$1\frac{5}{4}$	
— — ♀.	11 à 12	$8\frac{1}{2}$			
Var. *Minor* . ♂.	10	$6\frac{5}{4}$	$\frac{1}{5}$	$1\frac{9}{3}$	Sur un individu de Provence.
— AURANTIACA ♀.	$10\frac{1}{2}$	$7\frac{5}{4}$	$\frac{1}{5}$	$1\frac{9}{3}$	Sur l'exemplaire recueilli à Liége.
— PULCHELLA. . . .	12 à 15	$8\frac{1}{2}$ à $9\frac{1}{2}$	$\frac{1}{4}$	$1\frac{3}{4}$	
— PUELLA	12 à 15	$8\frac{1}{2}$ à $9\frac{1}{2}$	$\frac{1}{7}$	$1\frac{5}{4}$	
— HASTULATA. . . .	$11\frac{1}{3}$	9	1	2	
— LINDENII . . ♂.	11	8	$\frac{1}{4}$	$1.\frac{5}{4}$	Appendices du mâle $\frac{1}{2}$.
— CÆRULESCENS . . .	10	7	$\frac{1}{4}$	$1\frac{3}{4}$	D'après M. de Fonscolombe.
— PLATYPODA . ♂.	$15\frac{1}{2}$	9	$\frac{1}{3}$	$2\frac{1}{4}$	Appendices du mâle $\frac{1}{3}$.
— — ♀.	$13\frac{1}{2}$	10			

TABLE

ALPHABÉTIQUE ET SYNONYMIQUE.

Nota. Les noms de familles, tribus, divisions, genres et sous-genres sont en petites capitales. — Les noms qui ne sont que synonymes sont précédés d'un astérisque.

A.

Q.

R.

S.

* *Vulgata*. Scop., voy. *Cærulescens*.
* *Vulgata*. *Var*. Vander L., voy. *Fonscolombii*.
* *Vulgatissima*. Linné, *Syst. nat.*, 12. — Voy. *Forcipatus*.
* *Vulgatissima*. Schæff., voy. *Serpentinus*.
* *Vulgatissimus*. Steph., voy. *Forcipatus*.

X.

* *Xanthopterum*. Steph., voy. *Aurantiaca*.
* *Xanthostoma*. Charp., voy. *Hæmorrhoidalis*.
* *Xanthostoma*. Curtis, voy. *Ludoviciana*.

TABLE

Des auteurs cités et de leurs abréviations.

———

A̤LLIONI.	*Car. Allioni.* — *Manipulus insectorum Taurinensium* dans les Mélanges de la société royale de Turin, 1762 à 1765.
BRULLÉ.	— *La partie entomologique dans l'*Expédition scientifique de Morée.
BURM. et BURMEIST.	*Burmeister.*—*Handbuch der Entomologie.* Berlin, 1839.
CURT. et CURTIS.	*John Curtis.*—*British Entomology*, 1824 et suivantes.
CHARP. et T. DE CHARP.	*Toussaint de Charpentier.* — *Horæ Entomologicæ.* Vratislaviæ, 1825.
DE GEER.	*Charles De Geer.* — *Mémoires pour servir à l'Histoire des Insectes.*
DEVILLERS.	*Caroli Linnæi Entomologia*, par Devillers, 1789.
DONOV.	*Donovan.* — *The Natural History of British Insects,* 1792 à 1816.
DRURY.	— *Illustrations of Natural History*, 1770.
FAB. et FABR.	*Joh. Chr. Fabricius.* — Je cite de lui le *Systema entomologiæ*, la *Mantissa insectorum* et l'*Entomologia systematica.*
FONSC. et B. DE FONSCOL.	— *Monographie des Libellules des environs d'Aix en Provence*, par M. Boyer de Fonscolombe, dans les *Annales de la société entomologique de France*, en 1837 et 1838. La 5ᵐᵉ partie a paru en 1839.
FUESSLY.	— *Catalogue des Insectes de la Suisse*, 1775.
GEOFFR.	— *Histoire abrégée des Insectes qui se trouvent aux environs de Paris*, par Geoffroy, 1764.
GUÉRIN.	— *Magazin zoologique.* — Je cite un nᵒ de 1837.

GMEL. et GM.	*J. F. Gmelin.* — 13me édition du *Systema naturæ de Linné*, 1788.
HARRIS.	
HANSEM.	— *Mémoire sur les Agrion*, par le pasteur Hanseman, dans le *Zoologische magazine de Wiedeman*, vol. 2, 1823, en allemand.
KIRBY.	*W. Kirby* and *W. Spence.* — *Introduction to entomology*, 1819.
LEACH.	— *Miscellanea zoologica.* — Article *Entomologie* dans l'*Encycl. d'Édimbourg.*
LATR.	*Histoire naturelle des Crustacés et des Insectes*, par Latreille, dans l'édition de Buffon de Sonnini, 1802.
L. et LINN.	*Linné.* — *Systema naturæ*, édit. 12, 1766. — *Fauna suecica*, 1746.
MAC LEAY.	*Horæ entomologicæ or essai on the annulosa animals*, 1817 à 1821.
MULL.	*Otho Fred. Muller.* — *Fauna Fridrichsdahliana*, 1761. — *Zoologiæ danicæ prodromus*, 1779.
OLIV.	— *Encyclopédie méthodique*, partie Entomologique, par Olivier.
ROESEL.	
ROEMER.	*Rœmer.* — *Genera insectorum Linnæi et Fabricii iconibus illustrata*, 1789.
STEPH.	*J.-F. Stephens.* — *Illustrations of british entomology*, 1827 et suivantes. — *The nomenclature of british insects.*
SCHEFF.	*Schæffer.* — *Incones insectorum circa Ratisbonam indigenorum*, 1767.
DE SELYS.	— *Catalogue méthodique des Lépidoptères de la Belgique*, précédé du tableau des Libellulines de ce pays. Liége, 1837. — Description de deux nouvelles espèces d'*Æschna* du sous-genre *Anax*, dans le tom. VI, n° 10, du *Bulletin de l'académie de Bruxelles*, 1839. — Énumération des Libellulidées de la Belgique, *Bulletin de l'académie de Bruxelles*, tom. VII, n° 1, janvier 1840.
SCOPOLI.	— *Entomologia carniolica*, 1763.
VANDER HOEVEN.	— Voyez pag. 20.
VANDER L.	*Vander Linden.* — Voyez le titre de ses ouvrages, pages 2 et 3.
WALKENAER.	*Faune Parisienne*, 1802.

APPENDIX.

OBSERVATIONS.

—

Page 57. *Libellula albifrons*. — Je n'ai pas eu l'espace nécessaire pour en donner la description, qui ne m'est parvenue que pendant l'impression de cet ouvrage. La voici :

Nº 16. LIBELLULA ALBIFRONS. (Burmeister.)

LIBELLULE A FRONT BLANC.

Diagnose. — Noir-foncé. Le front blanc. Ailes hyalines ; la base des postérieures d'un brun noirâtre. Un petit nuage blanc après le parastigma des quatre ailes, qui est carré. Longueur 26 lignes.

Varie (selon l'âge). Le parastigma, la bouche et les appendices anals tantôt noirs et tantôt blancs, mais la tache blanche dans l'aile après le parastigma existe toujours.

Habite la Suisse et les environs de Berlin (extrait de Burmeister). Je ne trouve pas d'autre renseignement sur cette espèce, qui ressemble à la *Nigra* par la couleur du corps, et à la *Rubicunda* par celle du front et de l'aile inférieure. Elle doit conséquemment se placer entre les deux espèces précitées.

NOTE

Sur le triangle discoïdal de l'aile des Libellulidées.

M. Vander Hoeven est le premier (à ma connaissance du moins) qui ait cherché dans les nervures des ailes un caractère propre à confirmer la séparation des Æschnes et des Libellules. Lorsqu'il publia en 1828 la notice intéressante dont je veux parler, les deux grands genres susdits étaient loin d'être aussi bien circonscrits qu'ils le sont maintenant. Pour s'en convaincre, il suffit de lire les caractères donnés à ces coupes dans les ouvrages de Latreille, et de les comparer à ceux qu'on a su réunir aujourd'hui.

M. Vander Hoeven place le caractère diagnostic dans le triangle discoïdal de l'aile, qu'il appelle aussi cellule humérale ou discoïdale; c'est cet espace triangulaire renfermé par des nervures plus épaisses, qui est situé chez la plupart des Libellulines vers le premier quart de la longueur des ailes, à partir du corps, à égale distance à peu près de la côte et du bord inférieur. Il se trouve ainsi après la réunion des 4e et 5e grandes nervures longitudinales [1]. Après ce triangle partent de nouvelles grandes nervures longitudinales appelées secteurs.

[1] M. Burmeister ne reconnaît que trois nervures, la 2e et la 4e n'étant que des duplications de la 5e, mais ici il n'y a qu'une différence de nomenclature; il n'est pas dans mon plan d'entrer dans le fond de la discussion sur l'organisation des ailes, autrement que dans son application à la classification et à la détermination des genres et des espèces. On trouvera dans l'ouvrage cité de M. Burmeister une description détaillée de l'aile, à laquelle je renverrai ceux qui désirent approfondir davantage ce sujet.

M. Vander Hoeven caractérise ainsi la différence de construction du triangle.

I. Libellula. — Le triangle des ailes antérieures est un rectangle renversé avec l'angle le plus aigu en bas. Les ailes inférieures sont très-différemment organisées.

II. Æschna. — Le triangle des ailes antérieures a son angle droit tourné en bas et son angle le plus aigu, qui est très-allongé, vers l'extrémité des ailes. Les ailes inférieures sont organisées de la même manière que les supérieures.

III. Lindenia. — (Genre formé par M. De Haan, pour les Æschnes dont les yeux ne sont pas contigus, ou la section *B* de Vander Linden).

Dans ce genre les ailes sont à peu près semblables comme chez les Æschnes, mais le triangle est presque équilatéral, de sorte qu'il tient le milieu entre celui des Æschnes et des Libellules.

L'émission de ces principes devait être féconde en nouvelles observations pour les groupes nouvellement formés [1] ; mais tout en déclarant hautement que c'est la note de M. Vander Hoeven qui m'a donné l'idée de faire celle qu'on va lire, qu'il me soit permis de confirmer l'existence des nouveaux genres que j'ai admis, en ajoutant que sans eux le système de M. Vander Hoeven ne serait pas applicable à toutes les espèces. Ainsi le triangle dans les *Cordulia* et les *Libella*, qui sont pour lui des *Libellula*, est plus semblable à celui de ses *Lindenia* qu'à aucun autre, tandis que la *Tetraphylla*, qui est pour M. Vander Hoeven une *Lindenia*, a le triangle comme les Æschnes les mieux caractérisées. Enfin l'*Annulata* a aussi le triangle comme les *Lindenia*, bien que ses yeux soient contigus.

Je vais en conséquence signaler brièvement la forme du triangle de l'aile dans les divers genres que j'ai adoptés, en notant en même temps les principales modifications ou anomalies spécifiques, et en profitant de la nouvelle impulsion donnée à cette partie de la science par M. Burmeister [2].

---

[1] MM. V. D. H. et De Haan annoncent avoir vérifié l'exactitude du caractère cité sur 101 *Libellula*, 25 *Æschna* et 15 *Lindenia* de la collection de Leyde.

[2] Il donne les caractères analytiques suivants aux genres qu'il admet:

1. *Laciniæ labii laterales in apice articulo mobili instructæ.*

Dans tous les genres de Libellulines le triangle des ailes inférieures est placé à peu près de même manière. Il a son angle droit
dirigé vers la base de l'aile, et l'hypothénuse vers le bord postérieur.

I. LIBELLULA. (L.) *Genre modifié.*

Les côtés intérieur et extérieur du triangle des ailes antérieures à
peu près égaux et formant un angle de 15 à 25° dans la plupart des
espèces (chez la *Rubicunda* et quelques autres à abdomen cylindrique, cet angle atteint jusqu'à 30 ou 35°). Cet angle est dirigé en bas,
de sorte que le triangle occupe un espace transverse dans l'aile. Le
côté intérieur a deux fois au moins la longueur du côté supérieur ou
costal.

Dans presque toutes les espèces d'Europe le triangle est coupé par
une veine longitudinale qui le divise en deux cellules. Il n'y a d'exception que pour la *L. nigra*, dont la cellule est vide, et pour les
L. quadrimaculata, *depressa* et *conspurcata*, qui ont ordinairement

A. *Lacinia labii media trigona biloba, lateralibus multo latior. Alæ
ommino æquales.*

 a. *Alæ in basi petiolatæ; venis basalibus parallelis; areolæ majores plerisque quadratæ* . . . . 1. AGRION.

 b. *Alæ a basi statim latiores; venis basalibus divertentibus;
areolæ minutissimæ.* . . . . 2. CALEPTERYX.

 B. *Lacinia labii media rotundata, fissa. Alæ inæquales posteriores in basi latiores.*

 a. *Oculis in vertice distantibus,* . . . . 3. DIASTATOMMA.

 b. *Oculis in vertice contiguis* . . . . 4. ÆSCHNA.

 II. *Laciniæ labii laterales integerrimæ, inarticulatæ, maximæ,
lacinia media multo majores; alæ inæquales posteriores in basi
latiores.*

 a. *Alæ sexuum inæquales, posteriores marum in angulo postico
acutæ, feminarum obtusæ. Oculi processu in tempora provecti* . . 5. FPOPHTHALMIA.

 b. *Alæ sexuum æquales; posteriores in utroque sexu angulo postico
obtuso; oculi integri* . . . . 6. LIBELLULA.

Cette classification paraît au premier abord très-simple et sans inconvénient; mais
en l'appliquant on reconnaît : 1° que le caractère tiré du petit appendice des lobes
latéraux de la lèvre a conduit M. Burmeister à placer dans deux familles différentes
les Æschnes et les Libellules, et à réunir les premières aux Agriones sans tenir compte
de l'extrême ressemblance des Æschnes et des Libellules sous tous les autres rapports,

deux veines transverses. Le triangle des ailes inférieures n'offre aucune veine transverse, excepté dans la *Depressa* et la *Conspurcata*. Dans ce genre comme pour celui des Æschnes et des Anax, il est bon de faire observer qu'il existe souvent une veine surnuméraire ou en sens contraire aux autres, ce qui produit une cellule de plus dans le triangle ; mais ce sont des monstruosités qui ne se voient le plus souvent que dans l'une des deux ailes.

Des deux extrémités du côté extérieur ou hypothénuse du triangle des ailes supérieures partent deux secteurs ou nervures longitudinales qui se dirigent vers l'extrémité de l'aile. Le nombre de rangs de cellules qui se trouvent superposés dans cet espace vers le milieu de l'aile est très-important et très-fixe [1]. Il a servi à M. Burmeister pour former des groupes secondaires. Parmi les Libellules exotiques on en trouve qui ont dans cet espace un, deux, trois, quatre, et même plus de quatre rangs de cellules ; mais toutes les espèces d'Europe ont trois rangs de cellules dans cet espace, excepté la *L. quadrimaculata* qui en a quatre, et la *L. nigra* de Vander Linden qui n'en a que deux. Ce caractère de la *Nigra* prouve à l'évidence que la *Nigra*

et du passage qui est indiqué entre ces deux genres par les *Gomphus* et les *Cordulia*, tandis que les *Æschna* sont très-nettement séparées des *Agrion* ; 2° que la considération des yeux contigus ou non l'a aussi conduit à éloigner les *Gomphus* [*Diastatomma*] des *Cordulia* [*Epophthalmia*], tandis que ces deux genres sont si voisins par l'organisation des ailes et du corps. Enfin si j'arrive aux caractères attribués aux genres, je trouve que tous les *Agrion* n'ont pas les cellules carrées, que plusieurs de ses *Calopteryx* [nos *Libellago*] ont leurs cellules presque aussi grandes que celles des *Agrion* ; que le *G. Diastatomma*, dont le nom est postérieur à ceux de *Gomphus*, de *Lindenia* et de *Petalura*, est une sorte de magasin où se trouvent des espèces appartenant évidemment à plusieurs genres, comme par exemple la *Tetraphylla*, la *Forcipata* et la *Gigantea* ; que la *L. bimaculata* que ses yeux feraient placer parmi les *Epophthalmia* n'a pas le caractère distinctif des ailes inférieures anguleuses chez le mâle, que ce nom d'*Epophthalmia* est le quatrième pour désigner ce genre, qui en avait déjà trois, moins bien choisis à la vérité, mais antérieurs, puisque M. Burmeister les cite.

[1] *Très-fixe dans la même espèce*, car les groupes passent de l'un à l'autre en ce que les rangs de cellules augmentent insensiblement de nombre vers le milieu ou après le milieu de l'aile, selon les espèces, ce qui rend la détermination de la place à assigner à certaines espèces plus difficile qu'on ne croirait au premier abord. Il en est de même de l'abdomen déprimé ou cylindrique de plusieurs exotiques. Ces mots sont d'une application arbitraire.

de M. Burmeister est simplement la *Scotica* , puisqu'il la place parmi les espèces à trois rangs de cellules. Cette *L. nigra* a effectivement les cellules beaucoup plus grandes et moins nombreuses que les autres espèces d'Europe, et rappelle tout à fait, sous le rapport de l'organisation , plusieurs Libellules de l'Amérique méridionale.

Chez les espèces à abdomen déprimé le parastigma équivaut le plus souvent à deux ou trois cellules du rang immédiatement inférieur. Dans celles à abdomen cylindrique, il n'y a ordinairement qu'une cellule et demie sous le parastigma.

II. LIBELLA (De Selys.)

Le côté supérieur du triangle des ailes antérieures à peu près aussi long que l'intérieur, qui forme avec l'extérieur, un angle de 55° environ.

Dans la *Bimaculata,* qui sert de type à ce genre, le triangle des ailes supérieures offre une veine transverse longitudinale sur laquelle s'appuie une autre surnuméraire perpendiculaire, ce qui le divise en trois cellules. — Le triangle des ailes inférieures offre aussi trois cellules. Le parastigma n'occupe le dessus que d'une seule cellule.

III. CORDULIA (Leach.)

Le côté supérieur du triangle des ailes antérieures à peu près aussi long que l'intérieur , qui forme avec l'extérieur un angle de 40 à 45° (chez la *C. Curtisii* l'angle a plus de 55°).

Le triangle des ailes antérieures offre une veine transverse longitudinale chez les espèces d'Europe, excepté chez la *C. Curtisii* [1]; chez cette dernière et l'*Ænea* , le triangle des ailes inférieures est aussi d'une seule cellule ; dans les trois autres il offre une veine transverse : toutes présentent deux rangs de cellules à la suite du triangle des antérieures , mais la *Gracilis* (Burmeister) n'en a qu'un seul. Sa patrie est inconnue. Le parastigma des Cordulies occupe à peine le dessus d'une cellule.

[1] Cette organisation de la *Cordulia Curtisii* que M. Burmeister n'a pas connue , rend incomplet le sectionnement qu'il propose pour ce genre.

IV. GOMPHUS. (Leach.)

Le côté supérieur du triangle des ailes antérieures aussi long que
l'intérieur, qui forme avec l'extérieur un angle de 45 à 50° (55° chez
le *G. Selysii*).

Le côté extérieur est suivi de deux rangs de cellules. Il n'y a aucune
veine transverse dans le triangle des ailes antérieures, ni des inférieures. Le parastigma occupe l'espace de quatre à cinq cellules
inférieures. Il est à remarquer que le triangle des ailes antérieures
ressemble beaucoup à celui des genres *Libella* et *Cordulia*, sauf qu'il
n'offre pas de veine transverse.

V. CORDULEGASTER (Leach.)

Le côté supérieur du triangle des ailes antérieures a une fois et
demie la longueur de l'intérieur, qui forme avec l'extérieur un angle
de 70° environ.

Le côté extérieur est suivi de deux rangs de cellules. Il y a une veine
perpendiculaire dans le triangle des quatre ailes de l'espèce d'Europe,
dont le parastigma occupe l'espace de quatre cellules inférieures.

VI. LINDENIA. (De Haan.) *Genre modifié.*

Le côté supérieur du triangle des ailes antérieures a deux fois la
longueur de l'intérieur, qui forme avec l'extérieur un angle de 80° environ.

Le côté extérieur dans l'espèce d'Europe est suivi de trois rangs
de cellules. Il y a deux veines transverses perpendiculaires dans le
triangle des quatre ailes, plus une d'autre sens aux supérieures, ce
qui le divise en quatre cellules. Le parastigma occupe environ cinq
cellules inférieures.

Bien qu'en raison de l'éloignement des yeux et de la présence d'une
vésicule élevée devant les ocelles, j'aie placé ce genre entre les *Cordulia* et les *Gomphus*, je crois devoir l'éloigner de ce dernier genre
dans un travail sur l'organisation des ailes, car sous ce rapport on

peut dire que la *Lindenia tetraphylla* est une Æschne dont les yeux ne sont pas contigus, comme le *Cordulegaster annulatus* est un Gomphus chez lequel les yeux se touchent légèrement ; et peut-être voilà-t-il le seul moyen d'obtenir une série vraiment naturelle. On passerait des *Lindenia* aux *Æschna* par l'*Æ. vernalis*, dont les yeux se touchent à peine, et l'on aurait l'ordre suivant : *Libellula, Libella, Cordulia, Gomphus, Cordulegaster, Petalura, Diastatomma (Æ. clavata), Lindenia (Æ. Tetraphylla), Æschna* et *Anax*. Je préviens cependant que je n'ai plus sous les yeux en ce moment les *GG. Petalura* et *Diastatomma*, pour les classer d'après la disposition du triangle discoïdal.

VII. ÆSCHNA. (Fabr.) *Genre modifié.*

Le côté supérieur du triangle des ailes antérieures a deux fois au moins la longueur du côté intérieur, qui forme avec l'extérieur un angle de 85 à 100° (ordinairement 90°).

Les rangs de cellules entre les deux secteurs, après le côté extérieur, sont plus variables que chez les précédents. Il y en a ordinairement trois, mais immédiatement après le triangle on n'en voit d'abord que deux chez plusieurs espèces. Il y a toujours deux veines perpendiculaires au moins dans le triangle de quatre ailes, mais ce nombre varie souvent chez la même espèce ; il y en a tantôt trois, tantôt quatre et même cinq, accompagnées presque toujours d'une veine longitudinale surnuméraire au côté intérieur. Le parastigma surmonte deux, trois, quatre ou cinq cellules selon les espèces.

VIII. ANAX. (Leach.)

Le côté supérieur du triangle des ailes antérieures a plus de deux fois et demie ou trois fois la longueur du côté intérieur, qui forme avec l'extérieur un angle de 100 à 105°.

Dans les trois espèces d'Europe il y a deux rangs de cellules après le côté extérieur du triangle, qui offre quatre veines perpendiculaires au moins, plus une surnuméraire. Celui des inférieures en a trois. Chez l'exemplaire de l'*A. parthenope* que je possède, il y a une veine de moins au triangle de chacune des ailes.

Le parastigma surmonte deux et demie à trois cellules au plus. Il
y a comme on voit une grande ressemblance entre l'aile des *Æschna*
et des *Anax*, mais chez ces dernières les caractères sont encore plus
intenses et plus différents de ceux des genres précédents, ce qui jus-
tifie, je crois, la place que je leur assigne, suivant en cela l'ordre de
série proposé par M. Stephens dans son Catalogue des insectes d'Angleterre.

Les principes généraux que l'on vient de lire doivent avoir acquis
un grand degré de certitude, et semblent militer en faveur de l'authenticité des genres que j'ai admis, car ils ne sont que le résultat
d'un travail que j'ai fait séparément sur chaque espèce; mais j'ai
trouvé plus court et plus avantageux de me borner à en présenter
l'analyse, et d'en tirer les conséquences applicables à toutes les
espèces de chaque genre.

Il me reste à parler des *Agrionines:* ici il est plus difficile de se
faire bien comprendre, car le triangle discoïdal est souvent nul, à
peine distinct des autres cellules, ou carré comme elles [1]. On trouvera
en revanche un grand secours dans les cellules du milieu de l'aile, qui
sont carrées au pentagones, et dans le parastigma, selon qu'il est plus
grand que les autres cellules, qu'il leur est presque semblable ou
qu'il est composé de plusieurs cellules qui sont séparées par des
veines ordinaires : dans ce dernier cas, je le nommerai, à l'exemple
d'Hanseman *faux* parastigma, attendu qu'il ne se reconnaît qu'à une
coloration différente et que les cellules qu'il renferme ne sont pas
organisées autrement que les autres. Je citerai en même temps deux
nouveaux genres exotiques que j'ai cru nécessaire d'établir pour ré-
gulariser celui des *Calepteryx*.

I. CALEPTERYX. (Leach.)

Il n'y a pas de triangle discoïdal proprement dit, l'organisation
des nervures laissant ouvert l'un de ses côtés. Les cellules des ailes
sont très-nombreuses, presque toutes carrées et plus larges transver-

---

[1] On le distinguera cependant en comparant sa position dans l'aile d'une *Æschne*,
où il se trouve au-dessous de la quatrième grande nervure à partir de la côte, qui
compte pour la première. Il en est de même chez les Agriones.

salement que longitudinalement : cela tient au grand nombre de veines transversales. Les ailes sont arrondies dès la base. Le mâle est sans parastigma. La femelle a souvent un faux parastigma consistant en plusieurs cellules colorées en blanc. Le corps très-mince et long, ainsi que les jambes.

II. EUPHÆA. (DE SELYS.)

Genre exotique. — Diffère des *Calepteryx* en ce que les cellules sont moins nombreuses, les ailes plus étroites à la base et surtout par la présence d'un vrai parastigma oblong. — Exemple : *Calepteryx holosericea*.

III. LIBELLAGO. (DE SELYS.)

Genre exotique.—Les cellules plus grandes; un assez grand nombre pentagones. Les ailes encore plus étroites et presque pétiolées à la base. Un parastigma oblong. Abdomen court, déprimé. Jambes courtes. Le front très-proéminent, en forme de protubérance ou de corne retournée en arrière. Exemple : *Agrion lineata*. La *Fenestrata* et la *Fulgipennis* en font aussi partie, mais elles ont plus de cellules carrées transverses dans le genre de celles des *Calepteryx*.

Ce genre, très-distinct sous tous les rapports, rappelle certaines Libellules. On peut à la rigueur y découvrir un triangle discoïdal, mais il ne diffère pas par sa construction des autres cellules carrées.

LESTES. (LEACH.)

Les cellules, en grande partie pentagones, moins nombreuses que chez les précédents ; plus que chez les *Agrion* et les *Macrosoma*. Le parastigma oblong, d'une seule cellule occupant plus d'espace que les autres. Triangle de l'aile allongé, son angle aigu dans le sens de l'aile. Le côté postérieur ou hypothénuse est fléchi en courbe.

SYMPECMA. (CHARP.)

Ailes comme dans le genre *Lestes*, mais plus étroites et le triangle moins allongé.

AGRION. (Fab). *Genre modifié.*

Parastigma d'une seule cellule rhomboïde, pas plus grande que les
autres ; presque toutes les cellules carrées. Triangle de l'aile irrégulier, l'hypothénuse étant fléchie de manière à former un quatrième
angle. — Dans le sous-genre *Platycnemis*, cette disposition est encore plus forte, et il n'y a plus qu'un carré long au lieu de triangle.

MACROSOMA. (Anglorum.)

Genre exotique. — Cellules encore moins nombreuses, presque
toutes carrées. Triangle de l'aile remplacé par un carré très-long,
à peu près comme dans le sous-genre *Platycnemis*. Point de vrai parastigma. Un faux parastigma consistant en plusieurs cellules colorées.

Si, au lieu du triangle discoïdal, on examinait chez les *Agrionines*
l'espace qui le surmonte, et qui se trouve entre la 3me et la 4me veine
longitudinale en partant du bord inférieur de l'aile, qui compte pour
la première, on aurait un caractère plus visible et très-fixe. Cet espace
est carré long, coupé par des veines perpendiculaires dans les genres
Calepteryx, *Euphœa* et *Libellago*; triangulaire régulier chez les *Lestes*,
de même mais très-étroit et long chez les *Sympecma*; quadrangulaire
irrégulier dans les *Agrion*, le côté supérieur étant beaucoup plus court
que l'inférieur : le sous-genre *Platycnemis* l'a carré long régulier, ce
qui le distingue au premier abord des *Agrion*, et semblerait propre
à légitimer sa séparation comme genre distinct. Dans les *Macrosoma*, c'est au contraire un espace quadrangulaire irrégulier comme
chez les *Agrion*; cet espace est si caractérisé chez les *Agrionines*,
qu'il faut la comparaison la plus minutieuse dans la position des nervures pour ne pas le prendre pour l'analogue du véritable triangle
discoïdal des *Libellulines*. Dans tous les genres de cette dernière
tribu, l'espace dont nous parlons est réduit à un triangle allongé et
très-étroit, dont l'angle aigu est tourné vers l'extrémité de l'aile.

L'examen de l'aile des Libellulidées m'a prouvé qu'un volume entier
serait nécessaire pour décrire les modifications qu'éprouve chacune de ses parties selon chaque genre, et je dirais même chaque

espèce. J'ai cru que les nombreux caractères que j'ai signalés étaient suffisants, et me dispensaient d'entreprendre ce travail minutieux et long, qui ne pourrait être utile au lecteur, pour la détermination, qu'avec le secours d'un grand nombre de figures.

EUROPÆARUM LIBELLULIDARUM

SYNOPSIS.

CLAVIS GENERUM.

—

FAMILIA LIBELLULIDÆ.

Caract. —Maxillæ et mandibulæ robustæ, corneæ; tarsi articulis 3 , alæ subæquales.

1.	Alæ inæquales, posteriores basi latiores. . **Tribus 1.** *Libellulina*	2.
	Alæ anteriores et posteriores onmnio æquales. . . . . **Tribus 2.** *Agrionina*	9.

TRIBUS 1. — LIBELLULINA.

2.	Laciniæ laterales labii inferioris integerrimæ, inarticulatæ, maximæ, intermedia multo majores.	3.
	Laciniæ laterales labii inferioris apice appendice mobili instructæ; intermedia magna subfissa	5.
3.	Oculi simplices; alæ posteriores margine interno in utroque sexu rotundato . . . **Genus 1.** LIBELLULA.	
	Oculi processu in tempora provecti	4.
4.	Alæ posteriores margine interno in utroque sexu obtuso . . . . **Genus 2.** LIBELLA.	
	Alæ posteriores maris margine interno abrupte angulato . . . . **Genus 3.** CORDULIA.	
5.	Oculi in vertice distantes	6.
	Occuli in vertice contigui	7.

6. { Vesicula ante oculos nulla; caput subtransver-
sum . . . . Genus 4. GOMPHUS.
Vesicula ante oculos; caput subglobosum . Genus 5. LINDENIA.

7. { Oculi spatio minimo contigui . . . . . Genus 6. CORDULEGASTER.
Oculi spatio magno contigui . . . . 8.

8. { Alæ posteriores maris margine interno
abrupte angulato . . . . Genus 7. ÆSCHNA.
Alæ posteriores margine interno in utroque
sexu obtuso. . . . . Genus 8. ANAX.

TRIBUS 2. — AGRIONINA.

9. { Alæ coloratæ in basi statim latiores; cellulæ
minutissimæ . . . . Genus 9. CALEPTERYX.
Alæ hyalinæ petiolatæ; cellulæ pauciores,
majores . . . . 10.

10. { Parastigma oblongum; cellulæ numerosæ,
pentagonæ . . . . 11.
Parastigma rhombeum; cellulæ quadratæ;
alæ in quiete erectæ. . . . . 12.

11. { Alæ apice subrotundatæ in quiete patulæ. . Genus 10. LESTES.
Alæ valde attenuatæ in quiete erectæ . . Genus 11. SYMPECMA.

12. { Pedes omnes simplices, similes . . . . . Genus 12. AGRION.
Pedes tibiis quatuor posterioribus dilatatis . Genus 13. PLATYCNEMIS.

CONSPECTUS SPECIERUM.

—

Ordo *NEUROPTERA.*

FAMILIA LIBELLULIDÆ.

Tribus I. LIBELLULINA.

1. GENUS LIBELLULA. (L. ET AUCT.)

A. Abdomine lato depresso.
* *Alis posticis macula magna baseos fusca.*

1. QUADRIMACULATA. (L.)

Lib. abdomine depresso, olivaceo, tomentoso; alis basi croceis, omnibus virgula cubitali et parastigmate nigris; posticis macula triangulari baseos fusca croceo-reticulata; membranula accessoria alba.

α. Macula cubitali minima, punctiformi.

β. Macula cubitali lata subquadrata vel ocellata.

γ. *Prænubila (Newman)* alis apice late nigricantibus sive fuscis.

Longitudo : 19 lin. Extensio alarum 32-34.

Habitat in Europa ; γ in Italia, Galloprovincia et Alpibus Scotiæ; maio et æstate volitans.

2. DEPRESSA. (L.)

Lib. Abdomine lato valde depresso, olivaceo (in mare adulto cæruleo pulverato), maculis lateralibus luteis; alis anticis macula oblonga baseos, posticis triangulari nigricantibus croceo reticulatis; membranula accessoria alba.

Longitudo : 19 lin. Extens. alarum 33-34.

Habitat in Europa tota; junio et julio volitans.

3. CONSPURCATA. (Fabr.)

Lib. abdomine depresso testaceo (in mare adulto cæruleo pulverato); alis anticis linea, posticis linea maculaque triangulari baseos fuscis, croceo reticulatis; membranula accessoria nigricante.

α. Alis apice leviter fuscis (Lib. conspurcata *Stephens*).
β. Alis apice concoloribus , aqueis (Lib. bimaculata *Stephens*).
Longitudo : 19 lin. Extens. alarum 33-34.
Habitat in Europa temperata et meridionali minus frequens ; junio volitans.
    ** *Alis omnibus absque macula baseos fusca.*

4. Cancellata. (L.)

Lib. abdomine depresso basi gibbo , flavido, nigro clathrato (in mare adulto cæruleo pulverato); alis aqueis , parastigmate nigro membranula accessoria nigricante.
Longitudo : maris 20 lin., feminæ 19. Extens. alarum maris 33 , fem. 33.
Habitat in Europa fere tota frequens; junio et julio volitans.

5. Cærulescens. (Fabr.)

Lib. Abdomine depresso, subcarinato, olivaceo (in mare adulto cœruleo pulverato); alis aqueis, parastigmate brunneo membranula accessoria alba.
Longitudo : 20 lin. Extens. alar. 32.
α. *minor*. Longitudo : 18 lin. Extens. alar. 30.
Habitat in Europa temperata et meridionali, æstate.

6. Olympia. (Fonscol.)

Lib. abdomine subdepresso , carinato, fere lineari, olivaceo (in mare adulto cæruleo pulverato); alis aqueis parastigmate oblongo luteo ; membranula accessoria alba.
Longitudo : 16 $\frac{1}{3}$ lin. Extens. alar. 25-26.
α. *major* alis leviter flavidis (Longit. 18. Extens. alar. 29).
Habitat in Europa temperata et meridionali , æstate.

7. Ferruginea. (Fabr.)

Lib. abdomine depresso lutescente (in mare adulto sanguineo) ; alis aqueis, anticis vix , posticis late basi croceis; parastigmate luteo ; membranula accessoria nigricante.
Longitudo : M. 18-19 lin. F. 15-17. Extens. alar. M. 28 F. 25-27.
Habitat in Europa meridionali frequens vere et æstate.
    B. Abdomine subcylindrico aut compresso.
    * *Alis omnibus absque macula baseos fusca.*

8. Pædemontana. (Allioni.)

Lib. alis aqueis fascia transversa apicali rufofusca , parastigmate rubro vel luteo ; abdomine luteo (in mare adulto sanguineo.)
Longitudo : 13-14. Extens. alar. 21-23 lin.

Habitat in Europæ centralis et australis montibus minus frequens; etiam in Arduennis Belgii æstate reperitur.

9. Flaveola. (L.)

Lib. alis aqueis parastigmate rubro sive fusco : anticis basi, posticarum tertia parte croceis; pedibus nigris, flavo lineatis; abdomine alis evidenter breviore luteo (in mare adulto sanguineo.)

Longit. 16. Extens. alar. 24-27 lin.

Habitat in Europa temperata et boreali; julio, augusto et septembre volitans.

10. Roeselii. (Curtis.)

Lib. alis aqueis parastigmate rubro sive nigro : anticis vix, posticis basi croceis; pedibus quatuor posterioribus nigris; abdomine alis breviore lutescente (in mare adulto sanguineo.)

Longit. M. 16. F. 14-17. Extens. alar. M. 26. F. 22-26 lin.

Habitat in Belgio, Anglia, Italia et ut videtur in Europa tota minus frequens; æstate volitans.

11. Fonscolombii. (De Selys.)

Lib. alis aqueis parastigmate magno luteo : anticis vix, posticis basi croceis; femoribus nigris extùs flavis; abdomine alis vix breviore lutescente (in mare adulto sanguineo.)

Longit. 17. Extens. alar. 27-28.

Habitat in Belgio et Galloprovincia, Hispania, etc., æstate.

12. Vulgata. (L.)

Lib. alis aqueis parastigmate rubro sive fusco; pedibus nigris extùs flavolineatis; abdomine alarum fere longitudine olivaceo (in mare adulto, sanguineo).

Longit. 17-19. Extens. alarum 25-27.

Habitat ubique in Europa; augusto et autumno frequentissima.

13. Scotica. (Leach.)

Lib. alis aqueis (mas) basi vix croceis (fem.), parastigmate magno subquadrato nigro vel albido; pedibus nigris (femin. leviter basi flavis); abdomine alis evidenter breviore flavescente-maculato (in mare adulto nigerrimo); macula frontali atra.

Longit. 12-14. Extens. alarum 19-23.

Habitat in montibus Europæ centralis, Belgii et Angliæ; æstate satis frequens.

14. Nigra. (Vander L.)

Lib. alis aqueis parastigmate parvo, oblongo, pallide flavo; pedibus nigris, basi leviter lividis; abdomine alis breviore nigerrimo; thorace albotomentoso (mas).
Longit. 17 lin. Extens. alar. 26 ½.
Habitat in Italia meridionali prope Terracinam (Vander Linden.)

** *Alis posticis macula baseos nigricante.*

15. Albifrons. (Burmeist.)

Lib. alis aqueis, posticis basi fusco-nigris, omnibus nubecula alba post parastigmata; abdomine nigro; fronte alba.
Longit. 14 lin. Extens. alar. 23.
Habitat in Helvetia et circa Berolinum. Variat parastigmate quadrato et ore nunc nigris nunc albis, sed nubecula alba post parastigma semper adest.

16. Rubicunda. (Lin.)

Lib. alis aqueis parastigmate magno, subquadrato, nigrofusco; posticis macula triangulari baseos nigra; abdomine maculis dorsalibus luteis (in mare adulto rubris); fronte albida.
Longit. 15-17 lin. Extens. alarum 26.
Habitat in Alpibus Helvetiæ et Germaniæ, etiam in Suecia et Anglia; rarissima in Belgio. In summis Alpibus 15ᵃ julii volitat.

2. GENUS LIBELLA. (De Selys.)

Bimaculata. (T. de Charp.)

Libella testacea alis flavidis, omnibus margine costali croceo; posticis macula magna arcuata baseos nigra; membranula accessoria maxima fere albida.
Longit. 26 lin. Extens. alar. 38.
Habitat in Silesia (T. de Charpentier), in Belgio semel a clar. Robyns capta.

3. GENUS CORDULIA. (Leach.)

A. Appendice anali inferiori (♂) subtriangulari.

1. Flavomaculata. (Vander Lind.)

Cord. viridiænea macula utrinque ante oculos et labii superioris basi luteis; abdomine segmentis plerisque maculis lateralibus luteis.

14

Longit. 22-23 lin. Extens. alar. 33 ½.

Habitat rarissima in Belgio 1ᵃ junii volitans; etiam in Germania boreali.

2. METALLICA. (Vander L.-Charp.)

Cord. viridi-ænea fascia frontali et labii superioris basi luteis.

Longit. 23 lin. Extens. alar. 30-33.

Habitat. in Europa temperata et in Italia superiori minus frequens; junio et julio volitat.

3. ALPESTRIS. (De Selys.)

Cord. viridi-ænea macula utrinque ante oculos, et labii superioris basi luteis.

Longit. 20-21. Extens. alar. m. 14, f. 15 lin.

Habitat in summis Alpibus Helvetiæ ; 15ᵃ julii volitans.

B. Appendice anali inferiori (♂) subforficata.

4. ÆNEA. (Lin.)

Cord. viridi-ænea labii superioris basi lutea.

Longit. 22-23 lin. Extens. alar. 31-33.

Habitat in Europa temperata et boreali, junio volitans.

5. CURTISII. (Dale.)

Cord. viridi-ænea labii superioris basi lutea; segmentis omnibus abdominis macula dorsali geminata seu simplici lutea.

Longit. 20-21. Extens. alar. 30-32 lin.

Habitat in Anglia et Galloprovincia junio et julio, rarissima.

4. GENUS GOMPHUS. (LEACH.)

* Lobis duobus appendicis analis inferioris (♂) approximatis.

1. UNGUICULATUS. (Vander L.)

G. thorace luteo supra strigis sex incurvis nigris; abdomine nigro (maris medio valde attenuato, apice incrassato; feminæ cylindrico) maculis dorsalibus hastatis luteis; pedibus atris femoribus partim luteis; appendicibus analibus tribus maris unguiformibus; ultimorum duorum segmentorum longitudine.

α. Hamatus. (Charp.) Major, tribus ultimis abdominis segmentis supra nigris aut maculis perobliteratis.

Longit. m. 23, f. 22. Extens. alar. m. 27, f. 28 lin.

β. Unguiculatus. (Vander L.) Minor, tribus ultimis abdominis segmentis ma-
-culis dorsalibus luteis.

Longit. m. 17-18, f. 20. Extens. alar. m. 24, f. 26 lin.
Habitat *α* in Europa media et septentrionali æstate ; *β* in Italia et Africa boreali.

** Lobis duobus appendicis analis inferioris (♂) utrinque divergentibus.

2. Pulchellus. (Steph.)

G. thorace luteo supra strigis sex angustis nigris; abdomine elongato nigro ; linea
maculari dorsali apicem attingente ; pedibus flavis nigro lineatis tarsis extùs flavis;
appendicibus analibus maris nigris, inferiori duplicata basi flava, ultimi segmenti
longitudine.
Longit. 22-25. Extens. alarum 27. Parastigmatis 1 $\frac{1}{2}$ lin.
Habitat in Gallia, Belgio et Anglia minus frequens, junio volitans. Tarsi posteriores extùs flavi.

3. Simillimus. (De Selys.)

G. *Pulchello* similis sed abdomine apice incrassato et tarsis posterioribus nigris
immaculatis.
Longit. m. 22 lin. Extens. alar. 27 , long. parastigmatis 1 $\frac{1}{5}$.
Habitat in Gallia, æstate. (*Æschna forcipata,* B. de Fonscolombe.)

4. Forcipatus. (Lin., Vander L.)

G. thorace luteo supra strigis sex nigris rectis; abdomine nigro apice incrassato,
linea dorsali tenui, ultima tria segmenta non attingente; pedibus atris; appendicibus
analibus maris nigris, ultimi segmenti longitudine, inferiori duplicata.
Longit. 21-22 lin. Extens. alar. m. 27 , f. 28.
Habitat in Europa fere tota, vere.

5. Flavipes. (T. de Charp.)

G. thorace luteo supra strigis sex nigris incurvis; abdomine nigro apice incrassato
linea dorsali tenui usque ad ultimum (aut penultimum ?) segmentum ducta; pedibus
flavis nigro lineatis; appendicibus analibus maris nigris, basi flavis, ultimi segmenti
longitudine, inferiori duplicata.

Var. *α*. ultimo segmento immaculato (♂).

Longit. 22-25 lin. Extens. alar. 50.
Habitat in Silesia, Galloprovincia. *var.* *α* celeb. Vander Linden detexit Bononiæ.
Julio volitat.

6. Serpentinus. (T. de Charp.)

G. thorace flavo supra strigis sex angustis nigris; abdomine nigro apice incrassato, maculis dorsalibus hastatis luteis; femoribus supra flavis; appendicibus analibus maris ultimi segmenti longitudine; superioribus flavis, inferiori duplicata nigra.

Longit. 23. Extens. alar. 31 lin.

Habitat in Silesia et Germania. Specimina non examinavi; descriptio secundum Toussaint de Charpentier et iconem Schæfferi inchoata.

7. Selysii. (Guérin.)

G. thorace luteo supra strigis sex nigris rectis; abdomine nigro elongato basi subinflato, linea dorsali maculari flava apicem attingente; femoribus flavis; appendicibus superioribus nigris (fem.).

Longit. 25. Extens. alar. 35, parastigmatis 2 lin.

Habitat in Gallia, rarissima; etiam Venetiis 12ᵃ junii?

5. GENUS LINDENIA. (De Haan, De Selys.)

Quid *Æschna* (Lindenia) *rapax* (Géné.) reperta in Sardinia?

Tetraphylla. (Vander L.)

L. thorace luteo supra strigis quatuor incurvis nigris; abdomine luteo nigromaculato tribus ultimis segmentis supra nigris; pedibus nigris femoribus partim pallidis; membranula accessoria mediocri fusca; appendicibus analibus fuscis (fem.).

Longit. 30. Extens. alar. 39, parastigmatis 2 ¾ lin.

Habitat in regno Neapolitano; a cl. Vander Linden semel capta in littore lacus Averni; etiam in Egypto (vide *Descript. de l'Égypte*).

6. GENUS CORDULEGASTER. (Leach.)

Annulatus. (Latr.)

C. niger, thorace strigis octo, abdomine maculis subannularibus luteis.

Longit. m. 32, f. 34. Extens. alar. m. 40, f. 44 lin.

Habitat in Europæ totius sylvis maio junio et julio; rarior.

7. GENUS ÆSCHNA. (Fabr.)

A. Macula verticis litteram *T* plus minusve referente.

* *Oculis spatio parvo contiguis.*

1. Vernalis. (Vander L.)

Æ. parastigmate valde elongato angusto ; membranula accessoria minima ; abdomine tomentoso maculatissimo ; appendicibus analibus superioribus maris elongatis subtortis apice triquetris et intùs flexis , margine interno pilosis ; feminæ lanceolatis.

Var. α. alis flavescentibus.

Longit. m. 26, f. 24. Extens. alar. 33 — 34.
Habitat in Europa temperata et meridionali vere, junio et julio.

** *Oculis spatio magno contiguis.*

2. Mixta. (Latr.)

Æ. abdomine maculatissimo , thorace lateribus fuscis fasciis duabus luteis ; appendicibus analibus superioribus maris lanceolatis apice acuminatis , longitudine duorum ultimorum segmentorum, intùs pilosis ; feminæ evidenter longioribus ; membranula accessoria magna ; parastigmate subelongato fusco.

Longit. 27 - 28. Extens. alar. 56 lin.

α. maculis abdominis cæruleis aut luteis.

β. maculis abdominis , ♂. purpureis , ♀. pallidis.

Habitat in Europa , æstate.

3. Affinis. (Vander L.)

Æ. abdomine maculatissimo , thorace lateribus flavis nigro lineatis ; appendicibus analibus superioribus maris lanceolatis fere glabris apice acuminatis , latere inferiori dente baseos obtuso , vix longitudine duorum ultimorum segmentorum ; feminæ lanceolatis paululum brevioribus ; membranula accessoria magna ; parastigmate subelongato rufescente.

α. *Affinis* (Vander L.), maculis abdominis ♂. cæruleis , ♀. luteis.

Longit. 28 lin. Extens. alar. 36-37.

β. *Confinis* (De Selys) , abdomine brunneo maculis luteis.

Longit. 28 lin. Extens. alar. m. 37, f. 39.
Habitat in Europa præsertim meridionali junio et julio.
β. (an distincta species)? Etiam in Belgio et Anglia.

4. Juncea (L.? Curtis, Steph.)

Æ. abdomine maculatissimo , appendicibus analibus superioribus maris tortis , apice acutis, deorsum flexis, feminæ lanceolatis; parastigmate subelongato rufescente, membranula accessoria brevi albida intùs cinerea.

Longit. 32-33. Extens. alar. 45-47; parastigmatis 2 lin.

Habitat in sylvis subalpinis Scotiæ et Angliæ rarior (an vere distincta ab *Æ. maculatissima* species?).

5. Maculatissima. (Latr.)

Æ. abdomine maculatissimo; appendicibus analibus superioribus maris tortis, apice acutis, deorsum flexis, feminæ lanceolatis; parastigmate subquadrato fusco, membranula accessoria brevi alba intùs cinerea.

Longit. 32-33. Extens. alar. m. 43, f. 47 lin.

Habitat in Europa fere tota; augusto et autumno copiose volitans.

B. Vertice absque macula nigra *T* referente.

* *Alis posticis maris abrupte angulatis; membranula accessoria brevi.*

6. Irene. (B. de Fonscol.)

Æ. brunneo et virescente variegata; abdomine post basin globosam valde coarctato; alis aqueis (maris apice leviter fuscis), membranula accessoria brevi cinerascente, parastigmate brunneo.

Longit. 31. Extens. alar. 38-41 lin.

Habitat in Galloprovincia haud frequens; julio volitans. Etiam in Italia. An *Æ. milvus?* (Géné.); reperta in Sardinia.

7. Grandis. (L.)

Æ. rufa, alis rufoflavescentibus; membranula accessoria mediocri albida; puncto reniformi cœruleo in dorso thoracis ad basin alarum.

Longit. 52. Extens. alar. m. 43, f. 47 lin.

Habitat in Europa temperata et frigida (nunquam in Galloprovincia nec in Australioribus).

* *Alis posticis maris obtuse angulatis; membranula accessoria elongata.*

8. Rufescens. (Vander L.)

Æ. alis leviter flavidis, basi præsertim posticarum croceis, membranula accessoria magna elongata nigricante; puncto reniformi flavo in dorso thoracis ad basin alarum.

Longit. m. 29, f. 30. Extens. alar. m. 37, f. 40 lin.

Habitat præsertim in Europa meridionali; etiam, sed rarior, in Europa centrali et Anglia.

Var. α. alis rufoflavescentibus *Æ. grandis* alas æmulantibus. Habitat rarior in Belgio, Bruxellis.

8. GENUS ANAX (Leach.)

1. Formosa. (Vander L.)

A. thorace virescente immaculato; abdomine striga dorsali angulosa nigra; parastigmate alarum valde elongato, rufescente; appendicibus analibus superioribus maris subspathulatis apice truncatis, inferiori subquadrata; feminæ lanceolatis.

Longit. m. 34, f. 32. Extens. alar. 45-46 lin.

Habitat in Europa temperata et meridionali junio et julio, etiam in Anglia.

2. Parthenope. (De Selys.)

A. thorace maculis angustis transversalibus; abdomine striga dorsali angulosa nigra; parastigmate alarum subelongato rufescente; appendicibus analibus superioribus maris subspathulatis apice truncatis, inferiori lata brevissima; feminæ lanceolatis.

Longit. m. 30, f. 29. Extens. alar. 42-43 lin.

Habitat in regno Neapolitano; a me capta in littore lacus Averni 10ª maii.

3. Mediterranea. (De Selys).

A. thorace vix maculato; abdomine striga dorsali angulosa nigra; femoribus anticis extùs pallidissimis; parastigmate alarum valde elongato flavescente; appendicibus analibus maris subspathulatis apice acutis, inferiori triangulari acuta. (Feminæ lanceolatis?)

Longit. m. 30. Extens. alar. 43 lin.

Habitat ad littora Mediterranea Galloprovinciæ copiosa æstate; a Cl. Barthelemy curatore musæi Massiliensis detecta.

Tribus II. Agrionina.

9. GENUS CALEPTERYX. (Leach.)

1. Virgo. (Lin.)

Cal. viridi aut cæruleoænea; abdominis apice subtùs lutescente (in mare sæpius obscure rubro); alis rotundatis latiusculis immaculatis (mas), pseudoparastigmate albo interdum obsoleto (fem.).

♂. *Var.* α alis rufofuscis.

    β alis fuscocyaneis.

    γ alis nigrocæruleis, apice fuscohyalinis, basi sæpe hyalinis.

♀. *Var.* α alis rufescentibus.

    β alis rufofuscis, posticis apice paululum obscurioribus.

    γ alis rufovirentibus.

(**216**)

Habitat in Europa temperata et frigida, etiam in Galloprovincia et Italia superiore ; junio et julio frequens.

Longit. 21-22. Extens. alar. 28-52. Latit. alæ poster. $4\frac{1}{2}$-5 $\frac{1}{2}$. An distincta species var. α maris et feminæ (*Calept. inornata* nobis.)

2. LUDOVICIANA. (Leach.)

Cal. viridi aut cæruleoænea ; abdominis apice subtùs lutescente ; alis subattenuatis hyalinis fascia transversa viridi cærulea (mas) nervis viridinitentibus, pseudoparastigmate albo interdum obsoleto (fem.).

Longit. 19-21. Extens. alar. 20-28. Latitud. alæ poster. 4-4 $\frac{1}{4}$ lin.

Habitat in Europa etiam australi junio et julio.

5. HÆMORRHOIDALIS. (Vander L.)

Cal. chalybeata abdomine apice subtùs læte sanguineo ($\male$), viridiænea ore et pectore flavis ($\female$) ; alis subattenuatis nigrocæruleis, basi late hyalinis ($\male$) rufescentibus pseudoparastigmate albo, posticis apice fuscis ($\female$).

Longit. 21-22. Extens. alar. 27-29. Latitud. alæ poster. 4 lin.

Habitat in Italia et Galloprovincia æstate.

An var.? n° 5bis *Calepteryx Xanthostoma :* nervis viridinitentibus, posticis concoloribus (femina) ; a Toussaint de Charpentier in Galloprovincia reperta (specinem non vidi.)

10. GENUS LESTES. (LEACH.)

* *Occipite æneo.*

1. VIRIDIS (Vander L.)

L. supra viridinitens ; parastigmate magno subdilatato rufescente ; pedibus rufescentibus nigro lineatis ; appendicibus analibus superioribus maris basi albis intùs obtuse trilobatis, inferioribus rectis contiguis ; feminæ valvulis aculei apice evidenter serrulatis.

Long. m. 20, f. 19. Extens. alar. m. 22, f. 23 $\frac{1}{2}$ lin.

Habitat in Anglia, Belgio et Gallia, junio rarior.

2. PICTETI. (Géné.)

L. supra læte viridinitens parastigmate magno subquadrato fusco-nigro (pedibus nigroæneis, thorace toto, abdomine apice et basi cæruleo pulveratis in mare adulto), appendicibus analibus superioribus maris nigris, intùs obtuse trilobatis, inferioribus brevibus apice divergentibus.

Long. m. 18. Extens. alar. 21 lin.

Habitat in Liguria, Sardinia, Gallia meridionali, æstate.

An recens natus : *Agrion virens* (T. de Charp.); mas nullo modo cæruleo pulveratus, ore flavo, pedibus flavis lineola externa nigra; femina mare multo major. Habitat in Lusitania (mus. Berolin.)

5. Sponsa. (Hansem.)

L. supra viridinitens; parastigmate subelongato nigro vel fusco; pedibus nigris aut flavolineatis; appendicibus analibus superioribus maris nigris intùs acute trilobatis, inferioribus autem longiusculis rectis, distantibus; feminæ valvulis aculei lævibus. (Thorace basi et apice abdominis cæruleo pulveratis in mare adulto.)

Longit. 16-17. Extens. alar. m. 19, f. 21. Latitudo capitis 2 lin.

Habitat in Europa fere tota augusto et septembre.

An varietas : *Lestes nympha* (Kirby? De Selys) major, supra viridi cuprea (spatio interalari basi et apice abdominis cæruleo pulveratis in mare adulto.)

Longit. 18. Extens. alar. m. 21, f. 23. Latitudo capitis 2 $\frac{1}{2}$.

In Belgio a me reperta augusto.

** *Occipite flavo.*

4. Barbara. (Fabr.)

L. supra viridiaurea; alis parastigmate fusco dimidiatim albo.

Longit. m. 16, f. 18. Extens. alar. m. 19, f. 20-21 lin.

Habitat in Europa australi frequens junio et julio; rarior in Germania et Belgio augusto.

Var. ~. Parastigmate toto fusco.

11. GENUS SYMPECMA. (Charp. MSS.).

Fusca. (Vander Lind.).

S. flavobrunnea maculis dorsalibus fuscoæneis; parastigmate elongato rufo. Habitat in sylvis Europæ, initio augusti. Longit. 16 $\frac{1}{4}$. Extens. alar. 18-19 $\frac{1}{3}$ lin.

12. GENUS AGRION. (Fabr.)

* *Capite post oculos immaculato.*

1. Naias. (Hansem.)

A. oculis rubris (mas) flavidis (fem.), abdomine supra nigroæneo duobus ultimis segmentis dense cæruleis (mas) leviter cinereo-pulveratis (fem).

Longit. m. 16, f. 19. Extens. alar. m. 19, f. 20-22 lin.

Habitat in Europa temperata, etiam Italia superiore junio et æstate, ad aquas stagnantes.

2. Sanguinea. (Vander Lind.)

A. rubra, thorace supra fuscoæneo striga utrinque rubra aut lutea; pedibus nigris.

Longit. m. 16, f. 19. Extens. alar. m. 20, f. 21-23 lin.

Habitat in Europa præsertim junio et julio, in hortis.

3. Rubella. (Vander Lind.).

A. rubra, thorace supra fuscoæneo, pedibus rufis.

Longit. m. 14, f. 15. Extens. alar. m. 15-16, f. 17-18.

Habitat in Europa meridionali, etiam in Anglia.

** *Macula rotunda aut oblonga post oculum utrumque.*

4. Pumilio. (T. de Charp.).

A. collaris margine postico leviter rotundato; puncto rotundo post oculum utrumque cæruleo (mas) viridi (fem.); nono segmento abdominis azureo.

Longit. 12. Extens. alar. 12 lin.

Habitat in Europa meridionali, Hungaria, Italia superiore, Galloprovincia.

5. Pupilla. (Hansem).

A. collaris margine postico reflexo aut tuberculato; *puncto rotundo post oculum* utrumque cæruleo (mas), viridi aut rufo (fem.); abdomine supra fuscoæneo octavo segmento azureo.

Var. α. thorace supra et striga utrinque nigroæneis.

Var. β. (Fem.) rufa aut violacea striga dorsali nigra unica in thorace.

Longit. 14-15. Extens. alar. m. 15 $\frac{1}{2}$, f. 18 lin.

Habitat in Europa tota ad aquas, æstate frequens.

Var. minor. Longit. 13. Extens. alarum 13 $\frac{1}{2}$.

Habitat in Galloprovincia; an distincta species?

5 bis. Agrion aurantiaca. (De Selys).

A. læte aurantiaca, puncto rotundo post oculum utrumque et duobus primis abdominis segmentis aurantiacis; alarum nervis rufescentibus (fem.).

Habitat in Belgio, Anglia, Gallia; rarissima æstate.

6. Pulchella. (Vander Lind.)

A. collaris margine postico profunde bisinuato; macula oblonga post oculum utrumque azurea; abdomine nigroæneo, segmentorum basi cærulea, secundo (maris) azureo macula nigra furcata litteram V imperfecte referente et cum margine postico coherente.

Var. (*femina*) segmentis omnibus supra fuscoæneis.

Longit. 15-16. Extens. alar. m. 18, f. 20 lin.
Habitat in Europa; maio et junio præsertim frequens ad stagna.

7. Puella. (Vander Lind.).

A. collaris margine postico leviter bisinuato; macula oblonga post oculum utrumque et abdomine maris azureis, segmentis nigro annulatis, secundo macula libera nigra furcata litteram U angulosam referente; femina macula oculorum virescente, et abdomine supra fuscoæneo.

Var. (*femina*) segmentorum basi cæruleoviridi.

Longit. 15-16. Extens. alar. m. 17-18, f. 18-20 lin.
Habitat in Europa, vulgatissima ad aquas; junio et julio volitans.

8. Hastulata. (Charp.).

A. collaris margine postico fere recto; macula oblonga post oculum utrumque et abdomine maris azureis, segmentis nigro annulatis, secundo maris macula nigra litteram T capite incrassato referente et cum margine postico coherente; feminæ macula oculorum flavida et abdomine supra fuscoæneo.

Var. z. tota rufescens.

Longit. 14-15. Extens. alar. 17 lin.
Habitat in Germania, Anglia, Belgio, Hispania; rarior.

9. Lindenii. (De Selys.)

A. collaris margine postico recto; macula oblonga post oculum utrumque azurea; abdomine nigroæneo segmentorum basi cærulea, secundo máris azureo macula nigra oblonga subcruciata cum margine antico et postico coherente, appendicibus analibus superioribus maris magnis semicircularibus.
Longit. 14 lin. Extens. alar. 17.
Habitat in Belgio; rarissima.

13. GENUS PLATYCNEMIS. (Charp. MSS.).

PLATYPODA. (Vander Lind.)

Pl. lineolis pallidis post oculos; tibiis quatuor posterioribus dilatatis.

α. abdomine cæruleo (mas) rufovirescente (fem.); omnibus segmentis supra linea dorsali simplici aut duplici nigra.

β. abdomine albido, segmentis tribus penultimis tantum lineis duobus dorsalibus nigris (*Albidella* Devillers).

Longit. 16 lin. Extens. alar. m. 18-19, f. 20-21.

Habitat in Europæ pratis frequens maio, junio et augusto.

FIN.

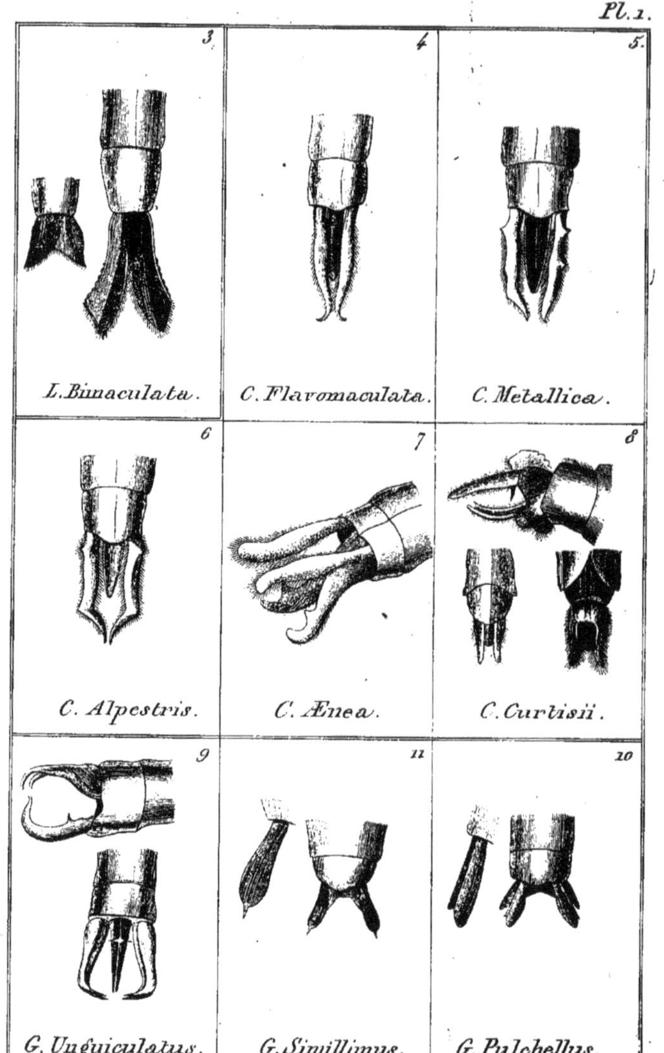

L. Genre *LIBELLA*.- C. Genre *CORDULIA*. G. Genre *GOMPHUS*.

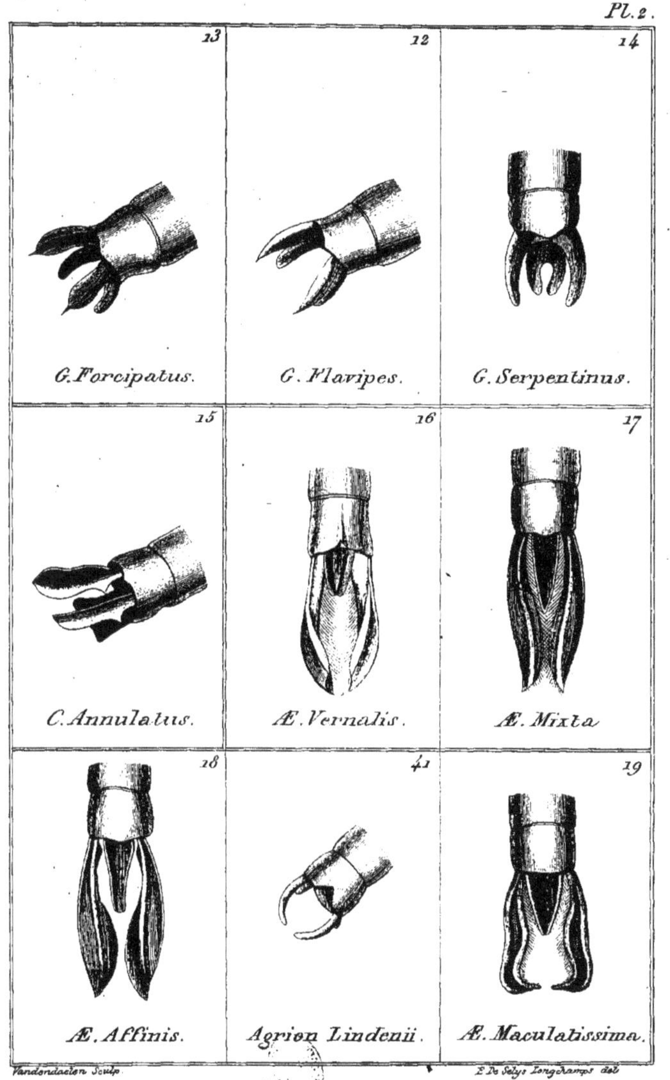

G. Genre GOMPHUS. (suite) C. Genre CORDULEGASTER. Æ. Genre
ÆSCHNA A.G. AGRION. (partie.)

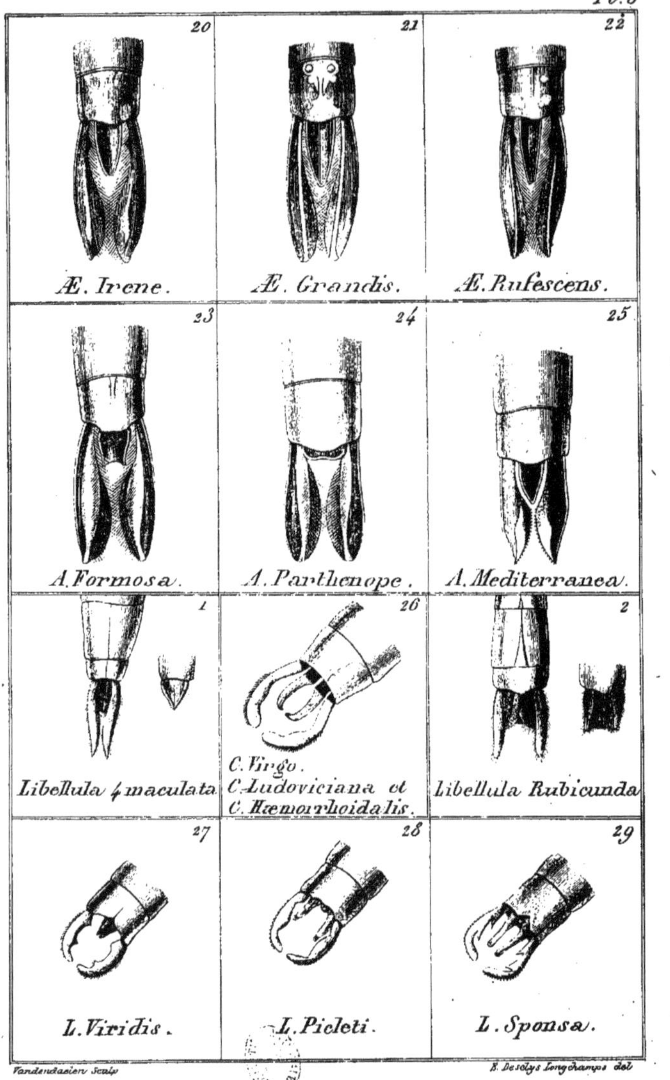

Vandendaelen Sculp

E. De Selys Longchamps del.

Æ. Genre ÆSCHNA. — A. Genre ANAX. — C. Genre CALEPTERYX.
L. Genre LESTES. — L. Genre LIBELLULA. (partie.)

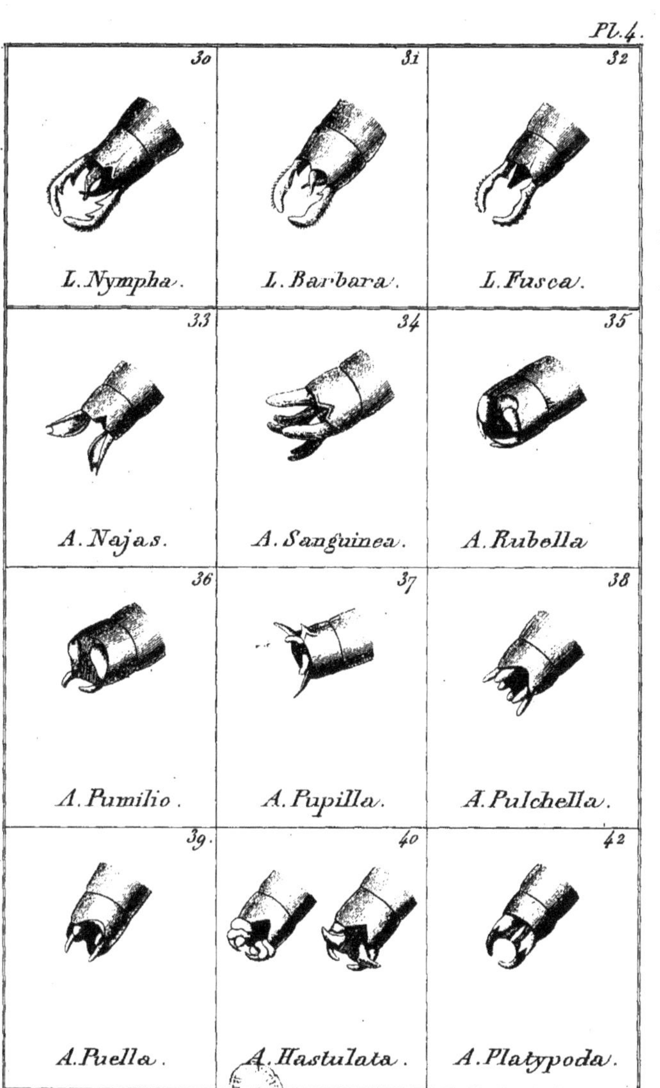

J. Vandenhaelen Sculp

E. De Selys Longchamps del.

L. Genre LESTES (suite) A. Genre AGRION.

OUVRAGES DU MÊME AUTEUR.

Essai monographique sur les Campagnols des environs de Liége. Brochure in-8° avec quatre planches coloriées représentant les *Arvicola fulvus, arvalis, subterraneus* et *rufescens*, de grandeur naturelle. Liége, 1856. — Prix : 5 francs.

Catalogue des Lépidoptères ou Papillons de la Belgique, précédé du tableau des *Libellulines* de ce pays. Brochure in-8°. La 1re partie a paru en 1857, et comprend les *Lépidoptères diurnes*, les *Crépusculaires* et le commencement des *Nocturnes*. La suite paraîtra incessamment. — 1 fr. 50 c*.

Études de Micromammalogie. Revue des Musaraignes, des Rats et des Campagnols, suivie d'un *index des mammifères d'Europe*, avec 5 planches représentant les crânes des Campagnols. 1 vol. in-8° de 11 feuilles. — 5 francs.

Du même auteur, pour paraître à la fin de cette année.

Faune belge. 1re partie : *catalogue méthodique et raisonné des animaux vertébrés de la Belgique.*